麵包機
做 饅頭、吐司 和 麵包

一指搞定的超簡單配方之外，
再蒐集 27 個讓吐司隔天更好吃的秘方

暢銷食譜作者 王安琪 著

作者

王安琪 Annie

　　從 1990 年開始食譜創作，喜歡研究好吃的料理和烘焙，並且開發有益身體健康的點心和菜色。目前除了擔任台灣象印台北天母教室的廚藝老師，更不定期在全省各大百貨公司擔任料理講師。

　　著作包括《4 個月～2 歲嬰幼兒營養副食品》、《2 歲起小朋友最愛的蛋糕、麵包和餅乾》、《0～6 歲嬰幼兒營養副食品和主食》、《咖啡館 style 鬆餅大集合》、《不失敗西點教室經典珍藏版》、《烤箱新手的第一本書》、《下飯ㄟ菜》等三十多本暢銷食譜，也常在報章雜誌和網路媒體發表食譜文章。

不只做吐司，
饅頭、麵包、披薩和餅乾都不是問題

　　雖然我家的攪拌工具齊全，但是全自動麵包機卻是我非常依賴的道具。多年前，記得孩子還年幼時，為了不讓桌上型攪拌機的巨大噪音吵到他們，所以決定添購全自動麵包機。這台機器讓我最滿意的就是「安靜、時效、輕巧、安全」。我可以放心地在孩子午睡時，或者一邊做其他家事一邊做麵包，完全不需要罰站似地站在機器旁緊盯著麵團，也不用怕機器誤傷孩童。經過這幾年來數十種吐司、麵包的操作實驗，我發現這小小一台麵包機有以下 4 個優點喔！

　　1. 全自動地攪拌、烘焙到出爐，one touch 就搞定。 相信對許多烘焙新手來說，只要把材料都倒入攪拌缸，按下功能鍵就可以等吐司出爐，省時又省力，還能獲得成就感，真的非常吸引人。

　　2. 活用麵包機的攪拌功能，幾乎什麼都能做！ 攪拌麵團是件費力費時的事，加上有時室溫變化易導致麵團失敗，這時不妨讓麵包機來完成工作。只要選好功能鍵，麵包機就能攪拌好饅頭、餐包、披薩和司康麵團，再搭配蒸鍋、烤箱，幾乎想吃什麼都能做。

　　3. 麵包機做饅頭和包子，Q 軟口感一吃上癮。 愛吃饅頭的你，為免吃到添加香精、色素的饅頭，不妨利用麵包機攪拌好饅頭麵團，搭配蒸鍋，自己做饅頭。我在本書的 Part3 單元中，分享了 8 款香軟好口感的饅頭，口味也經得起考驗，建議饅頭一族一定要試試。

　　4. 麵包機搭配中種發酵法的超好吃配方，隔天依舊美味。 雖然用麵包機製作很簡單，但仍不時聽見身旁的朋友抱怨：「用麵包機做的吐司不鬆軟、隔天會變硬。」經過我的經驗分享，朋友們才恍然大悟，原來想靠麵包做更好吃、鬆軟的吐司是有訣竅的：利用中種發酵法製作吐司麵團。因此，我特別在本書的附錄（p.136 ～ 147），教大家如何用「麵包機＋中種發酵法」，徹底解決吐司口感差的問題。此外，也替大家算好每道吐司的中種發酵法配方，看書馬上就能操作。

　　既然麵包機有那麼多優點，是不是很想立刻操作看看。先別急，建議大家使用麵包機製作之前，務必參考 p.6 ～ 15 的內容，認識麵包機的功用、了解製作麵包的基本常識之後，再進行實際操作，這樣一來不僅降低失敗率，更可以為自己的成品大大加分，讓家人對你的手作麵包更加期待。

　　PS：市面上的機種繁多，無法一一檢視每一款機種的功能和程序，所以本書僅以我慣用的日系機種（例如 Panasonic）來介紹，大家可以透過我的使用經驗，來對照自己家中機器的模式再操作。

王安琪

Contents

目錄

Part4
點心店最佳銷售口味麵包

★為了讓廣大的香港讀者也能製作書中的吐司、麵包、饅頭、披薩等點心，特別將下表中的材料名稱，以「括弧（）」標出香港的說法，方便所有讀者閱讀。

無鹽奶油（無鹽牛油）	巧克力豆（朱古力粒）	三明治（三文治）
鮮奶油（忌廉）	覆盆子（紅桑子）	保鮮膜（保鮮紙）
乳酪（芝士）	榛果醬（榛子醬）	擀麵棍（攪麵棒）
美乃滋（沙律醬）	草莓果醬（士多啤梨醬）	烤盤（焗盤）
酵母（依士）	吐司（方包）	烤箱（焗爐）
蜂蜜（蜜糖）	司康（英式鬆餅）	退冰（回溫）
巧克力（朱古力）	餅乾（曲奇）	小匙（茶匙）

認識麵包機主體和配件

本書中用了 2 台不同容量的機種（皆為 Panasonic 廠牌）來製作麵包，分別是容量 1.5 斤（900 克）和容量 1 斤（600 克）。1.5 斤的機種一次可以放入 500 克的麵粉，1 斤的機種則可以放入 300 克的麵粉。接下來就以這 2 台機器為例，介紹各部位的名稱和用途：

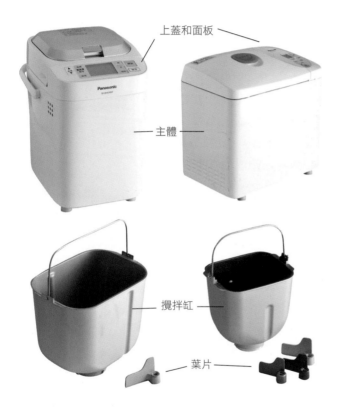

上蓋和面板

主體

攪拌缸

葉片

主體

攪拌麵團時偶爾會有麵粉、材料噴飛到主體的狀況，所以每次使用完畢都應該在機體完全降溫之後，用抹布擦拭，必要時還可以使用吸塵器清理屑屑。

上蓋和面板

放入材料後，緊閉上蓋讓麵包機運作。而面板上的資訊包括了：選擇品項、烘烤的顏色、預約時間、顯示進行的流程，以及「開始」鍵、「取消或停止」鍵等。

攪拌缸

又稱攪拌盆、麵包容器，兼具麵團攪拌、發酵和烘烤的重要工具，內壁材質都有不沾塗層，可以有效避免沾黏。清洗時先浸泡溫水 5 分鐘，再使用海綿輕輕地刷洗。攪拌缸完全瀝乾水分或擦乾後才能放回主體內。

葉片

葉片（攪拌葉片）的材質與內壁的材質相同，清洗時要拔下來，放在水龍頭底下沖刷。如果發覺孔洞內有殘餘的麵團，可以用細的棉花棒沾濕，小心地清理殘渣。

MEMO

有時會不小心讓攪拌葉片卡住固定導梢，無法順利拔出。這時只要一手抓住葉片，另一手抓住攪拌缸底部的旋轉片，兩手各向反方向旋轉扭開，即可順利取出卡住的葉片囉！

酵母粉投入盒

裝酵母粉的容器。通常大多數日系品牌的麵包機，都會設置獨立的酵母粉投入盒。不過依品牌、機型，投入盒的位置不盡相同，有的是在上蓋打開後可看到，有的則是在機體外側，有些甚至沒有單獨酵母粉投入盒。

酵母粉投入盒　　　　乾料投入盒

乾料投入盒

放果實的容器。可以將葡萄乾、核桃、蔓越莓或其他乾果放在這裡。果乾太大顆時要先切小塊再放入，以免損傷攪拌缸內壁。

[安琪老師說]

Q 如果我家的麵包機不是這兩款的，該怎麼辦？
A 沒關係，只要把機器設定在「一般麵包」或是「鬆軟麵包」、「吐司麵包」，就可以製作書中大部分的吐司麵包。我也建議你選擇「快速麵包」的按鍵，可以避免麵團攪拌過度而導致溫度過高，影響口感。

Q 家中的機器沒有酵母粉、乾料投入盒，該怎麼放？
A 有的麵包機只有一個攪拌缸，沒有另外放酵母粉和乾料的地方，別擔心，只要把酵母粉、切小塊的乾料在一開始時，連同其他材料一起加入攪缸拌，或者是在機器開始運作、攪拌約 5 或 10 分鐘後再打開上蓋加入。

Q 我是個超級新手，只想做最簡單、基本的吐司，除了麵包機之外，有哪些工具是我必備的呢？
A 首先要準備一個「電子或傳統指針式磅秤」，才能準確地測量好材料的量。其次是好用的「刮板」，能輕易地將麵團分割與剷起。最後是「隔熱手套」，剛出爐時的攪拌缸非常熱，使用手套才能避免燙傷。

Q 天氣冷熱和使用麵包機有關嗎？
A 有的。例如日製的麵包機通常會設定「熱機」的功能，這是為了讓內鍋和材料的溫度達成一致。但針對溫暖氣候，麵粉和水本身已經都處於溫暖的狀態，不需要熱機暖身。我反而建議大家在炎熱夏季製作麵包前，先將內鍋和麵粉放入冰箱冷藏，「降溫」過後再開始製作，如此可以避免麵團在機體內攪拌的過程中溫度飆高，導致成品的口感不好，功虧一簣。至於其他三個季節，只有冬季寒流來時使用溫水，春或秋季則使用室溫自來水即可。

認識麵包機的面板

本書並沒有針對市面上任何一款機種進行介紹,雖然拍照時是以日系品牌(例如市佔率極高的 Panasonic 麵包機)的機種作為示範,但出版這本書的目的是,希望對於麵包機有興趣的讀者都能參考使用,所以大家必須了解家中麵包機的操作方式,以及書中介紹的麵包製作技巧。以下是綜合各大廠牌機種的面板,挑出最常使用的功能選項介紹:

功能	說明
一般麵包	涵蓋各種麵包,包括吐司、鬆軟麵包、超軟麵包。
全麥麵包	除了高筋麵粉之外,還添加了全麥麵粉製作而成的麵包。
穀類麵包	除了高筋麵粉之外,還添加了五穀雜糧預拌粉製作而成的麵包。
法國麵包	外皮脆而裡面柔軟的法式麵包,也包括所有不含油脂的麵包。
披薩	除了製作披薩,這個功能鍵則是把材料攪拌成團後,進行第一次發酵、靜置(翻麵),接著結束。
單獨烘焙	僅是將材料烤熟的選項,不論是烤蛋糕或麵包皆可,烘烤時間可調整。不過目前市面上的機種,僅某些機型可單獨烘烤。如果家中的麵包機沒有這項功能的話,必須搭配烤箱使用,例如本書 Part4 單元。
快速麵包	是我在這本書中最常使用的選項。因為日系機種的所有按鍵都有「熱機」的功能,這個功能對於氣候一年比一年熱的台灣比較不適合。為了避免麵粉與材料在熱機過程中被升溫,而影響麵包的口感,所以我幾乎都選擇「快速麵團」鍵操作。這個功能鍵會在 2~3 小時之間把材料變成香噴噴的麵包,沒有過多的熱機時間。
葡萄乾麵包	在製作過程中會發出「嗶嗶」鳴笛聲,提醒加入乾料的時間,並且會完成吐司的製作。或者是你也可以一開始就把乾料先放在盒中,機器本身設定的時間到了,機器會自動投入。
麵團	只負責把材料攪拌成團,大約 15~20 分鐘,接著機體就會立刻結束程式,接下來必須搭配烤箱或蒸鍋等器具使用。
蛋糕	會在設定的時間內把材料攪拌均勻,與「披薩」、「麵團」的功能類似。

認識基本工具

雖然麵包機幾乎全自動，但本書中有些品項是利用麵包機搭配烤箱或蒸鍋的方式製作，所以下面這些基本烘焙工具你一定要認識。

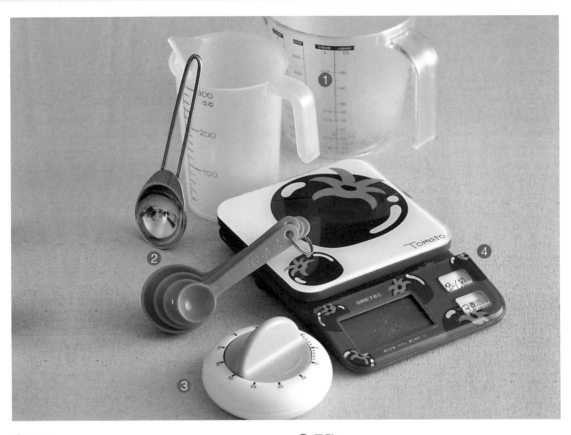

❶ 量杯

有塑膠、鋁製及玻璃三種，容量各有不同，功能也略有差異。鋁製的適合隔水加熱，塑膠和玻璃的則刻度明顯。量杯可以在百貨商店、五金行選購，價格依材質、容量而定。建議你除了準備標準量杯以外，再購買一個 300 ～ 500c.c. 的量杯，比較方便使用。

❸ 計時器

可以用智慧型手機的計時功能，或是另外購買一個可以吸附在冰箱壁的計時器。雖然麵包機都有自動計時的功能，但是書中還介紹了造型麵包、饅頭等等，所以準備計時器來控制發酵時間會更好。

❷ 量匙

如果你不想 1 克、2 克的測量少量食材，就利用量匙來挖取吧。量匙的份量分別是 1/4 小匙（1.25 克）、1/2 小匙（2.5 克）、1 小匙（5 克）、1 大匙（10 克），以平匙為準。量匙可在超市、五金行選購，有塑膠也有金屬製品。

❹ 食物磅秤

我習慣使用電子磅秤，它可以輕易地將容器的重量歸零，也可以測量到 1 克的重量。當然你也可以使用傳統指針式磅秤，重量上些微的誤差並不會造成大災難。家用的食物電子磅秤，售價大約 800 元台幣，指針式磅秤售價約 500 元。

① 冷卻網架

為了讓烤好的吐司可以散熱，所以建議放在網架上。通常這個工具會附贈在烤箱的配件裡面，不然可以到五金行購買。

② 隔熱手套

因為剛烤好的麵包溫度相當高，一定要戴上具有防護作用的隔熱手套，直接提起整個攪拌缸，再讓麵包脫模冷卻。隔熱手套如果破損一定要更換，以免拿取高溫的攪拌缸時燙傷。隔熱手套的售價是依照材質和隔熱的厚度而定，可依需求選購。

③ 擀麵棍

麵團整型時，可以順利擀出漂亮工整的麵團表面，讓整型後麵團表面光滑平整，也可以用酒瓶代替。擀麵棍分成很多種，通常表面有凸起顆粒的比較貴，必須到烘焙材料行或進口商品店選購，一般表面平滑的擀麵棍則在五金行或餐具店買得到。

④ 砧板

準備一個專門切蛋糕和麵包的砧板，可防止菜肉殘留的味道回染，更可以避免細菌的交互感染，達到安全衛生。砧板用過必須清洗，再晾乾或是烘乾。建議用塑膠砧板處理熟食，如果砧板因為使用過久而髒污清洗不掉，就要換新的。

⑤ 鋸齒刀

我習慣使用鋸齒刀來切割麵包，因為再也沒有比它他更適合的了。在使用鋸齒刀切割時，刀鋒前後拉動的次數要多，向下切割的速度要慢，這樣才能將麵包或蛋糕的組織切得完美，必要時在麵包表面切割淺痕也可以達到效果。

⑥ 脫模刀

有時麵包或蛋糕不小心黏到攪拌缸，就需要脫模刀輕輕地把成品從缸邊脫落。通常麵包機的攪拌缸都有不沾的塗層，所以絕對不可以用鋒利的刀具去切割，如果沒有脫模刀，也可以改用橡皮刮刀。脫模刀可以在烘焙材料行選購

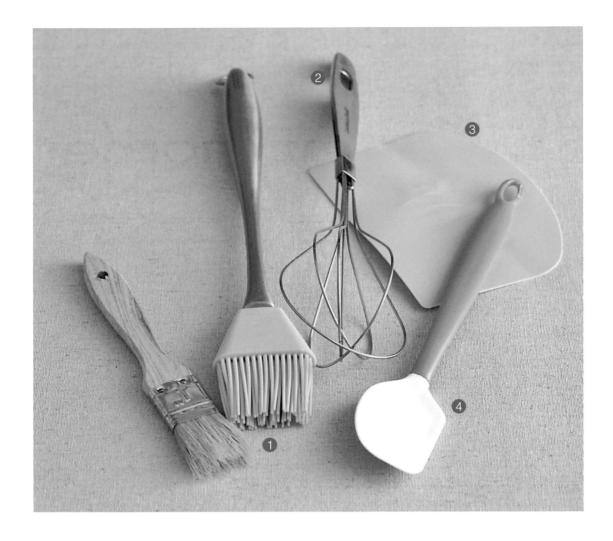

❶ 毛刷

用來塗刷麵團表面亮澤，或可以將模型內部薄塗一
層油脂，每次使用完畢一定要清洗晾乾。品質較好
的毛刷可以長久使用，也很方便清洗，對於有心投
入烘焙領域的人很值得投資。

❸ 刮板

分成硬的和軟的，我則偏愛軟刮板。軟刮板可以沿
著攪拌缸的弧度，將附著在缸盆內壁的材料刮下，
不會傷及攪拌缸內壁，安全又好用。但是切割麵團
時，硬式刮板有利於操作，建議兩種各選購一把。

❷ 網狀攪拌器、打蛋器

用來攪拌液體食材，幫助材料快速均勻混合的工
具，可以在五金行或是烘焙材料行選購。

❹ 橡皮刮刀

這是製作蛋糕類點心不可缺少的必要工具，但是對
於以麵包機做麵包的族群來說，並非首要必備工
具。橡皮刮刀的好處是可以沿著攪拌缸的缸壁順利
刮下附著的材料，減少麵糊耗損。有大中小不同尺
寸，通常選購中等尺寸即可。

認識基本材料

本書中使用的材料，都是大家在超市、市場、烘焙材料行或有機商店就能找到的。既然自己做麵包，那一定得用天然食材，才能吃得健康且享受食材的原味。

❶ 雜糧預拌粉

也叫麵包雜糧粉。這種產品是混合了多種穀類、雜糧類或是豆類的粉末，由麵粉進口商將材料事先與等量的高筋麵粉、小麥蛋白混合，用來製作出口味多元且營養價值更高的麵包。建議在低溫乾燥的環境下保存，以免變質，最好是趁新鮮儘快用完。一般可在專門的烘焙材料行、大型百貨超市購買。

❷ 麵粉

是由小麥磨成的粉，也是烘焙最主要的原料，依照蛋白質含量的高低，區分為三種筋性的麵粉：（1）高筋麵粉：蛋白質含量 12.5% 以上，吸水量 62 ～ 66%，適合製作麵包；（2）中筋麵粉：蛋白質含量 9 ～ 12%，吸水量 50 ～ 55%，適合製作包子、饅頭；（3）低筋麵粉：蛋白質含量 7 ～ 9%，吸水量 48 ～ 52%，適合製作蛋糕、餅乾。

❸ 芝麻粉

養生又健康的芝麻粉揉入麵團中，淡淡的香氣讓麵包、吐司更具風味。如果用現磨的芝麻粉，香氣更盛。

❶ 酵母粉

本書使用的都是「速發酵母」，也稱「即溶酵母」。這款酵母對初學者和業餘麵包愛好者而言非常方便。因為是小包裝，可以避免大包裝開封後可能氧化和失去活力的問題，購買的時候需注意製造日期、保存期限等標示。

❷ 小蘇打粉

鹼性材料，通常用在含有可可粉的蛋糕、麵包配方中。本書運用在 Part3 饅頭的單元，所有的饅頭配方都可以加入少許小蘇打粉，增加饅頭的彈性，讓口感好吃不黏牙。

❸ 泡打粉

是廣泛運用在蛋糕類點心的膨脹劑，建議購買無鋁的泡打粉，可以避免攝取到對健康有危害的化學成分。本書中的泡打粉是用在司康的配方中。

1 牛奶
選擇全脂或脫脂牛奶均可，也可以將奶粉和水用 1：9 的比例
調配出牛奶。不喝牛奶的話可以改用豆漿或水。

2 優格
最好選用原味、低糖，不要摻雜果肉或其他固狀材料的產品。
也可以選擇 1 公升裝的無糖優格或是自己製作。製作麵包時，
優格等同水分，所以加入優格就要減掉相對重量的水分。

3 雞蛋
越新鮮越好，白殼蛋或黃殼土雞蛋均可，不管冰過或沒冰過、
豢養或是放牧，重點是要新鮮。

1 蜂蜜
淡淡的香氣與自然甘甜，搭配麵包很合適。由於市面上的蜂蜜真
假難辨，我自己喜歡在有機商店購買品質保證的本土蜂蜜。

2 細砂糖
是製作點心、麵包最廣泛的材料之一，通常在傳統市場的雜糧行
裡都可以買到。大包裝（2 公斤）是我常買的基本重量，比較方
便、划算。

3 黑糖
揉入麵團中可以增添風味。選購時不一定非得要買進口品，在實
際使用過之後，發現其實台灣製的黑糖品質也很穩定。

1 鮮奶油
書中 p.38「水果鮮奶油三明治」使用了鮮奶油，這裡的鮮奶
油介紹的是植物性鮮奶油，穩定性高、保存期限長。讀者也
可以選用「動物性鮮奶油」（UHT），或改用優格。

2 無鹽奶油
本書中使用的都是「無鹽奶油」。這種奶油的味道香醇、濃郁，
平常要存放在冰箱冷藏，並且需注意保存期限。

3 植物油
可以依個人的喜好使用，通常我會建議使用氣味比較清淡的
葵花油、沙拉油、葡萄籽油或玄米油，儘量不要選用調和油。

1 片狀起司
超市就能買到的片狀起司，通常用在早餐三明治的夾心。有高鈣、低脂等可供選擇。

2 棒、條狀起司
融點高，比較類似點心，甜鹹口味皆有，不過也可以當作饅頭、麵包捲等的餡料使用。

3 塊狀起司
透明包裝的硬質塊狀起司，可以刨成絲，當成披薩起司。至於另外一種紙盒包裝的塊狀起司，則是用來塗抹餅乾、麵包，起司的外層可能覆蓋一層白黴菌。

1 火腿、培根
麵包搭配這一類加工食品非常普遍，一般人喜歡用這些食品來製作鹹味的麵包，增加香氣和調味。而要注意的是，食用前最好先汆燙。

2 熱狗、肉鬆
這是小朋友最喜愛的鹹味餡料，產品口味多，可依個人喜好選購。食用前最好先汆燙。

1 可可粉
應該選用烘焙用無糖可可粉，而不是用來沖泡成飲品的。通常連鎖超市、百貨賣場都買得到。

2 高融點巧克力豆
需要到烘焙材料行，或是美系連鎖大型超市購買，除了圖片上的深色款以外，還會發現多種不同風味的巧克力豆喔！通常放在室溫下儲存即可，但如果是像台灣夏天這種高溫，建議用多層泡棉包裹，放在冰箱冷藏室即可。

1. 水果乾
像是葡萄乾、蔓越莓乾、芒果乾等水果乾，在使用前都要浸泡溫水或是酒類，讓食材軟化一下，才容易與麵團揉合。此外，要先切成小塊比較適合咀嚼。冷藏保存。

2 堅果
要先處理成小顆粒，以免無法與麵團揉合，從麵團內脫落。平常建議存放在冰箱，甚至冷凍保存。

❶ 榛果抹醬
多用在抹醬，也可以當作造型麵包的夾心餡料。在包入麵團時，務必控制在低溫狀態，較方便操作。

❷ 芝麻抹醬
質感綿密，帶有芝麻特殊的香氣，除了當麵包的抹醬、夾餡，像書中 p.88 的芝麻包，更是使用了大量的芝麻醬。

❸ 自製草莓果醬
雖然市售產品隨處可買到，但我習慣購買冷凍莓果回家自己熬煮成果醬，因為煮的果醬味道最濃、純、香，更具風味。

❶ 紅酒
除了可以當作料理用酒，也可以和麵團揉合以增添風味，例如 p.49 的法式紅酒吐司。

❷ 白蘭地
白蘭地的價位差異相當大，如果只是單純用來製作點心，選擇一般價位的即可。

❸ 蘭姆酒
多用來浸泡葡萄乾、杏桃乾等水果乾，再揉入麵團中。

只要將正確配方的材料放入麵包機中，
按下開始鍵，聰明的麵包機就會自己
做吐司了。讓你省時省力，事半功倍，
輕鬆享受自家烘焙的樂趣。這一個單
元裡的都是最常見，也最經典的口味，
不論直接吃或者夾餡料都適合。

Part
1

黃金比例
基本款吐司

麵包機的達人用法

只要把材料全部放入，麵包機就會自己開始工作，可以省時省力輕鬆做好。
不過，如果你忽略了某些步驟與過程，仍有可能導致失敗，或者做好的吐司
口感不佳（太柴、太硬等）、乾燥之後變得難吃……為了避免這些情況發生，
我在下面分享使用麵包機時常遇到的問題和解答，給大家製作前參考一下。
而第一步，就是瞭解麵包機工作的步驟與流程。

麵包機工作 8 步驟

步驟 1 ·········▶ **步驟 2** ·········▶ **步驟 3** ·········▶ **步驟 4** ·········

將材料放入攪拌缸內。

完成麵包機模式選項，按下開始鍵，麵包機開始運作囉！

在機器中材料會攪拌成麵團。

麵團在機器中進行第一次發酵。

·········▶ **步驟 5** ·········▶ **步驟 6** ·········▶ **步驟 7** ·········▶ **步驟 8**

第一次發酵完成，麵團在機器中進行鬆弛。

麵團在機器中進行第二次發酵。

第二次發酵完成，麵團在機器中即將烘烤。

烘烤完成，從機器中取出放涼。

使用麵包機常見 Q 和 A

Q 為什麼要先確認第一次發酵成功？

A 當你的機器經過 60 ～ 90 分鐘，步驟 5 第一次發酵就完成了。打開機器，先用手指戳一下麵團，確認手指離開麵團，手指印仍保留、不會馬上彈回來。接下來要確認麵團已膨脹成 1.5 ～ 2 倍大，如果沒有膨脹，代表你的麵團可能失敗了，無法順利完成吐司。

Q 為什麼麵包機吐司的外皮總是那麼厚？

A 全自動麵包機囊括攪拌、發酵和烘烤的功能，發酵完成後麵包機開始從低溫加熱，溫度一直慢慢升高到機體設定的烘烤溫度為止。這個過程中麵團遇熱開始從外面熟到裡面，首當其衝的外皮因為受熱最久，自然表皮會越烤越厚。想要避免這個情況，建議在麵團完成第二次發酵之後（步驟7）先將攪拌缸取出，等待機體預熱完成，再把攪拌缸放回進行烘烤。最佳的放回時間點是在距離麵包完成前的 35 ～ 45 分鐘，讀者可以從機體的倒數結束時間面板來判斷。

Q 第一次發酵失敗，麵團沒有膨脹怎麼辦？

A 最可能的原因是忘記放酵母粉，或是酵母粉的量放太少。當你在步驟 5 第一次發酵結束後發現麵團根本沒有膨脹，麵團也沒有氣泡產生，就可以百分之百肯定是忘記放酵母了，這時先不要丟掉麵團，補救方法如下：假設你第一份麵團使用 300 克麵粉，那補救方法：準備 100 克麵粉、6 克酵母粉、60 克水加入第一份麵團，攪拌出筋。接下來程序與製作麵包無異，即步驟 4 ～ 8。如果是酵母粉的量放太少，補救做法也是一樣，但是補救時酵母粉的量必須扣掉第一份麵團內酵母粉的量。

Q 為什麼吐司外表乾乾的？

A 當麵團進行到步驟 6 第二次發酵時，打開機器看，如果麵團表面感覺乾乾的，建議你用噴霧灑水器在麵團上方噴灑微量的室溫水，就可以避免表面太乾而影響出爐後表皮的口感。

Q 我可以用麵包機一次預做多一點麵團嗎？

A 當然可以。建議你把麵團製作到步驟 6 準備進行第二次發酵時，也就是已經分割、整型完成，預備進行第二次發酵的這個階段，就可以排放在托盤上，放入冰箱冷凍讓麵團變硬，變硬之後的麵團再裝入塑膠袋內，封口圍起，約可存放 14 天。當想要烤麵包的時候，取出麵團整齊排列在烤盤上，退冰大約 1 ～ 1.5 小時（視室內溫度而定），看到麵團膨脹即可放入預熱的烤箱內烘烤。

Q 我不喜歡完成的吐司底下有個洞，能避免嗎？

A 步驟 5 完成第一次發酵後，機器會先幫麵團進行「翻麵」的動作，可以讓第一次發酵產生的氣泡顆粒大小平均。你可以在翻麵動作結束、準備進行步驟 6 第二次發酵前，取出葉片，再把麵團表面搓揉平整，收口朝下放入攪拌缸，繼續進行步驟 6 第二次發酵。

Toast
白吐司

吐司中的最基本款，
直接吃或夾餡料吃都再適合不過

功能／一般麵包
烤色／中等

1. 一般市面上的白吐司都是以「白油」為油脂成分製作而成，白油是點心烘焙界使用非常普遍的油脂，又稱化學豬油，是動、植物油混合後經過脫臭、脫色後氫化至 38 ～ 42℃的油脂，所以在室溫下呈現固態。美式派點、餅乾，中式油酥式點心、饅頭和白吐司，都是運用白油製成。

2. 考量一般家庭不會備有白油，也沒有必要特地購買，所以我在這裡將油脂改成植物油，讀者也可以改用無鹽奶油、無鹽發酵奶油來製作。

3. 使用固態油脂時需注意，要在麵包機運轉 10 分鐘之後再放入固態油，以免影響到麵團出筋狀況。

吐司 STEP BY STEP 基本步驟

想自己做吐司、麵包，但又怕搓揉麵團很費力、不小心失敗嗎？使用麵包機可以幫你省下搓揉麵團的時間，還可以選擇不同的行程（功能），DIY 喜歡的口感！

材料	成品總重約450克	成品總重約600克
A		
高筋麵粉	250 克	350 克
細砂糖	20 克	28 克
鹽	3 克	4 克
脫脂奶粉	10 克	14 克
水	150 克	210 克
植物油	20 克	28 克
B		
即溶酵母粉	3 克	4 克

＊更好吃的中種法配方參照 p.139

做法

❶ 將所有材料的量都精準測量好。

❷ 攪拌缸內的葉片放置妥當。

❸ 將材料 A 倒入攪拌缸內。

❹ 將攪拌缸放入機器中。

❺ 蓋上機體上蓋，將材料 B 倒入酵母盒內。

❻ 依照機種指示完成按鍵選項，按「開始鍵」。

❼ 吐司烘烤完成。

❽ 取出吐司放在網架上冷卻。

[安琪老師說]

依廠牌不同，甚至同廠牌但不同型號的機器，名稱、投放材料處和按鍵選項會有所不同。其中最大的差異，在於有些廠牌的機器會特別設置乾料和酵母粉投放盒，有些則完成只有一個攪拌缸。

獨立乾料投入盒
可以將葡萄乾、核桃、蔓越莓或其他乾果放在這裡。

獨立酵母粉投入盒
直接將即溶酵母粉舀入投入盒中。

一個攪拌缸
也就是將所有材料依序放入這個攪拌缸內。

吐司必成功 絕不失敗解說

雖然麵包機是「只放入材料，就可以不用看顧，一機到底完成」，
但還是可能失敗，或者即使成功了總覺得缺了那麼一點點口感。
如果想讓吐司100%成功、好口感，在以下製作過程中要注意幾點：

成功做吐司的 Q 和 A

Q 食材剛攪拌完成時，如果發現麵團黏糊糊的怎麼辦？

A 首先黏糊糊的程度因人而異，沒有標準可循，但是可以確定的
是「水分比例有誤」。
這時候為了不想浪費食材，只好繼續添加麵粉，而且同時也要
開啟機器，讓機器邊運轉、邊添加麵粉，直到材料攪拌成團。
但是這樣完成的麵包卻不敢保證好吃，畢竟攪拌缸內的麵粉和
酵母粉的比例可能失調，同時麵團的溫度可能上升，這些都會
導致麵包的口感不佳。

攪拌完成的狀態

Q 食材剛攪拌完成時，如果發現麵團太硬怎麼辦？

A 摸起來太硬、太乾的話，可以斟酌加入少量水即可。

Q 如何知道完成第一次發酵？

A 當你的機器經過 60～90 分鐘後完成第一次發酵，麵團的體積會變成原來的 1.5～2 倍大。打開機器，用手指戳一下麵團，如果手指離開麵團，洞（戳印）仍保留、不會馬上彈回來，就表示完成第一次發酵。

第一次發酵完成

Q 慘了！第一次發酵完成時麵團沒有膨脹怎麼辦？

A 那表示可能忘了加入即溶酵母粉了。這時因為已經成麵團，必須加入 100 克麵粉、60 克水、1.5 克即溶酵母粉再次操作，原來的麵團也要留在機器中一起操作。

Q 想讓吐司更好吃、更漂亮怎麼做？

A 這時（第一次發酵完成時）可以取出稍微搓揉整型，讓麵團表面光滑，再放回攪拌缸內準備進行第二次發酵。這是為了讓麵團發酵時所產生大小不一的氣孔變均勻。其實機器會預定進行這個步驟，讀者不一定需要取出麵團，但是取出麵團手工搓揉的好處，是讓烤好的麵包表面較平整，而葉片也可以在此時取出。

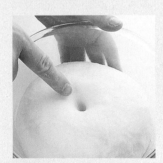

手指離開麵團，戳印仍在。

Q 第二次發酵完成，麵團的體積變成原來的 2 倍大，這時還可以拿出麵團再整一整嗎？

A 因為麵團已發酵完成，絕對不行拿出來揉搓，也不能分割麵團了。

第二次發酵完成

五穀雜糧吐司

食材扎實，具獨特的咀嚼感

功能／穀類麵包
烤色／中等

材料	成品總重約450克	成品總重約600克
A		
高筋麵粉	175 克	245 克
雜糧預拌粉	75 克	105 克
細砂糖	20 克	28 克
鹽	3 克	4 克
脫脂奶粉	12 克	17 克
水	135 克	190 克
雞蛋	15 克	21 克
植物油	24 克	34 克
B		
即溶酵母粉	3 克	4 克

＊更好吃的中種法配方參照 p.139

做法

（參照 p.21 基本步驟 step by step）

❶ 材料精準測量好，將葉片放置妥當。

❷ 將材料 A 倒入攪拌缸內。

❸ 攪拌缸放入機器中，蓋上機體上蓋，將材料 B 倒入酵母盒內。

❹ 依照機種指示完成按鍵選項，按下「開始鍵」。

❺ 烘烤完成。

❻ 取出吐司放在網架上冷卻。

MEMO

五穀指的是五穀雜糧類的食材，包含燕麥、高粱、小米等等，攝取這些粗食材對人體有好處。根據研究指出，現代人飲食精緻化，東方人的飲食也偏向西化，所以很容易造成許多現代疾病的產生，例如：高血壓、肥胖、糖尿病。營養師建議，每天適量攝取五穀雜糧，促進腸胃蠕動，再搭配運動，可以讓身體變得輕盈，心情變好，生活自在煩惱少。

[安琪老師說]

第一次發酵完成時，麵團會變成原來的 2 倍大。

第二次發酵比第一次的時間短，完成發酵即將烘烤。

Wholewheat Toast
全麥吐司
口感鬆軟，聞得到天然小麥香

材料	成品總重 約450克	成品總重 約600克
A		
高筋麵粉	200 克	280 克
全麥麵粉	50 克	70 克
細砂糖	36 克	42 克
鹽	3 克	4 克
脫脂奶粉	12 克	17 克
水	110 克	155 克
雞蛋	40 克	55 克
植物油	24 克	34 克
B		
即溶酵母粉	3 克	4 克

＊更好吃的中種法配方參照 p.139

做法

（參照 p.21 基本步驟 step by step）

❶ 材料精準測量好，將葉片放置妥當。

❷ 將材料 A 倒入攪拌缸內。

❸ 攪拌缸放入機器中，蓋上機體上蓋，將材料 B 倒入酵母盒內。

❹ 依照機種指示完成按鍵選項，按下「開始鍵」。

❺ 烤好，取出完成的吐司放在網架上冷卻。

MEMO

1. 全麥麵粉中的麩皮成分高，所以很怕遇到高溫，因此建議讀者冷藏保存，可以防止麩皮氧化酸敗。開封後也要盡快用完，食材保持越新鮮越好。

2. 不吃蛋的人，可將配方中的蛋改用水來補足即可。

Black Soybeans Toast
黑豆漿吐司
高蛋白、低熱量，明星豆漿產品

材料	成品總重 約 450 克	成品總重 約 600 克
A		
高筋麵粉	250 克	350 克
細砂糖	20 克	28 克
鹽	5 克	7 克
無糖 生黑豆漿	150 克	210 克
植物油	24 克	34 克
B		
即溶酵母粉	3 克	4 克

＊更好吃的中種法配方參照 p.140

做法

（參照 p.21 基本步驟 step by step）

❶ 材料精準測量好，將葉片放置妥當。

❷ 將材料 A 倒入攪拌缸內。

❸ 攪拌缸放入機器中，蓋上機體上蓋，將材料 B 倒入酵母盒內。

❹ 依照機種指示完成按鍵選項，按下「開始鍵」。

❺ 烤好，取出完成的吐司放在網架上冷卻。

❺

MEMO

1. 生豆漿的比例是「水 1000c.c.：黃豆或黑豆 120 克」。如果想要製作黑豆漿，可以用非基因改造黑豆 60 克，配上非基因改造黃豆 60 克。做法是把豆子清洗乾淨後浸泡，直到豆子完全發脹、無皺皮，然後瀝乾水分，搭配清水放入高速果汁機中打碎，再透過細目濾網瀝出豆汁，即可使用。

2. 由於市售的豆漿都是經過高溫殺菌，甚至是多次高溫煮沸，適合酵母發酵的營養成分可能所剩不多，因此建議使用生豆漿。

Brown Rice Toast
糙米飯吐司

現正流行的米麵包，自己動手做吧！

功能／一般麵包
或米麵包
烤色／中等

材料	成品總重 約450克	成品總重 約600克
A		
高筋麵粉	250 克	350 克
細砂糖	20 克	28 克
鹽	3 克	4 克
糙米飯	100 克	140 克
水	60 克	80 克
植物油	20 克	28 克
B		
即溶酵母粉	3 克	4 克

＊此道吐司不適合以中種方製作

做法

（詳細可參照 p.21 超簡單步驟 step by step）

❶ 材料精準測量好，將葉片放置妥當。

❷ 將材料 A 倒入攪拌缸內。

❸ 攪拌缸放入機器中，蓋上機體上蓋，將材料 B 倒入酵母盒內。

❹ 依機種指示完成按鍵選項，按下「開始」鍵。

❺ 取出完成的吐司放在網架上冷卻。

MEMO

1. 建議用隔夜的糙米飯來製作，效果比較好。因為隔夜飯已經降溫冷卻，而且黏性降低，不會影響麵團攪拌出筋的狀況。

2. 糙米的分量幾乎等同水分，而且米飯在攪拌過程中會一直融化，因此剛開始麵團有點乾沒關係，不需急著加水。如果攪拌過程中發現麵團太濕黏，可以酌量分數次慢慢加入麵粉，直到麵團攪拌不黏缸的狀態，但注意千萬不要使麵團的溫度上升。

French Toast
法國吐司
完全無油配方，簡單做又可口

功能／法國麵包
烤色／中等

材料	成品總重 約 400 克	成品總重 約 600 克
A		
法國高筋 麵粉	250 克	350 克
水	162 克	235 克
鹽	5 克	7 克
B		
即溶酵母粉	3 克	5 克

＊更好吃的中種法配方參照 p.140

做法

（詳細可參照 p.21 超簡單步驟 step by step）

❶ 材料精準測量好，將葉片放置妥當。

❷ 將材料 A 倒入攪拌缸內。

❸ 攪拌缸放入機器中，蓋上機體上蓋，將材料
　 B 倒入酵母盒內。

❹ 依機種指示完成按鍵選項，按下「開始」鍵。

❺ 打開麵包機確認麵團有膨脹。

❻ 取出完成的吐司放在網架上冷卻。

MEMO

1. 市面上販售的法國麵包配方中會添加「麥芽酵素」，這是一種可以讓麵包增添天然麥香
　 與幫助麵包組織鬆軟的添加物，屬於天然萃取的濃縮酵素。如果家中有這項材料，只需
　 加入 1/4 小匙（或更少）的量即可。

2. 法國高筋麵粉是一種準高筋麵粉，是特別用來製作法國麵包特殊口感的麵粉。

Honey Yogurt Toast
蜂蜜優格吐司

聞得到淡淡的優格香氣，早餐的首選

功能／一般麵包或
　　　鬆軟麵包
烤色／中等

材料	成品總重 約 450 克	成品總重 約 600 克
A		
高筋麵粉	250 克	350 克
鹽	5 克	7 克
蜂蜜	18 克	25 克
水	95 克	135 克
無糖原味 優格	35 克	50 克
B		
即溶酵母粉	4 克	5 克
C		
無鹽奶油	18 克	25 克

＊更好吃的中種法配方參照 p.140

做法

（詳細可參照 p.21 超簡單步驟 step by step）

❶ 材料精準測量好，將葉片放置妥當。

❷ 將材料 A 倒入攪拌缸內。

❸ 攪拌缸放入機器中，蓋上機體上蓋，將材料 B 倒入酵母盒內。

❹ 依照機種指示完成按鍵選項，按下「開始鍵」，約 10 分鐘後放入材料 C。

❺ 吐司烘烤完成。

❻ 取出完成的吐司放在網架上冷卻。

MEMO

這裡使用的優格是完全無料的原味優格，必須到大賣場或百貨超市選購，一般便利商店販售的都是已經添加調味料的，如果要用這種來製作，就必須減去蜂蜜的用量。

Milk Toast

牛奶吐司

口感更鬆軟、香氣十足，每天都吃不膩

功能／一般麵包或
　　　鬆軟麵包
烤色／中等

材料	成品總重 約 450 克	成品總重 約 600 克
A		
高筋麵粉	250 克	350 克
細砂糖	18 克	25 克
鹽	5 克	7 克
雞蛋	35 克	50 克
水	39 克	55 克
鮮奶	78 克	112 克
B		
即溶酵母粉	4 克	5 克
C		
無鹽奶油	36 克	52 克

＊更好吃的中種法配方參照 p.142

做法

（詳細可參照 p.21 超簡單步驟 step by step）

❶ 材料精準測量好，將葉片放置妥當。

❷ 將材料 A 倒入攪拌缸內。

❸ 攪拌缸放入機器中，蓋上機體上蓋，將材料 B 倒入酵母盒內。

❹ 依照機種指示完成按鍵選項，按下「開始鍵」，約 10 分鐘後放入材料 C。

❺ 吐司烘烤完成。

❻ 取出完成的吐司放在網架上冷卻。

MEMO

1. 鮮奶含有豐富的鈣質、蛋白質，可以補足小麥磨成的麵粉所缺乏的養分，讓產品整體價值提升，也讓組織更鬆軟、香氣十足。

2. 鮮奶是以低溫殺菌，保久乳則是高溫殺菌，兩者都是牛奶，但是低溫殺菌可以保留更多的養分。

Brioche Toast
布里歐吐司

濃郁的奶油香，早午餐的最佳選擇

功能／一般麵包或
　　　超軟麵包
烤色／中等

材料	成品總重 約 450 克	成品總重 約 650 克
A		
高筋麵粉	250 克	350 克
細砂糖	50 克	72 克
鹽	4 克	5 克
雞蛋	82 克	117 克
水	42 克	60 克
鮮奶	35 克	50 克
B		
即溶酵母粉	2 克	3 克
C		
無鹽奶油	42 克	60 克

＊更好吃的中種法配方參照 p.142

做法

（詳細可參照 p.21 超簡單步驟 step by step）

❶ 材料精準測量好，將葉片放置妥當。

❷ 將材料 A 倒入攪拌缸內。

❸ 攪拌缸放入機器中，蓋上機體上蓋，將材料 B 倒入酵母盒內。

❹ 依照機種指示完成按鍵選項，按下「開始鍵」，約 10 分鐘後放入材料 C。

❺ 吐司烘烤完成。

❻ 取出完成的吐司放在網架上冷卻。

❷　❺　❻

MEMO

1. 這是一道高成分吐司，也就是糖和奶油所占的比例很高。糖在攪拌的過程中需要水分來溶解，因此如果麵團呈現比較乾的狀態時，可以用灑水器在麵團表面酌量噴灑，補充水分。

2. 加入奶油時，務必確認奶油已經切成小塊，而且是從冷藏室取出的低溫狀態。

3. 因為糖的比例高，會造成麵包表面顏色較深，因此選擇中等「烤色」的成品狀態即可。

Potato Toast

馬鈴薯吐司

完全不需要改良劑，超鬆軟、超好吃

功能／一般麵包或
　　　鬆軟麵包
烤色／中等

材料	成品總重 約 450 克	成品總重 約 600 克
A		
法國高筋 麵粉	250 克	350 克
馬鈴薯泥	84 克	120 克
細砂糖	10 克	14 克
鹽	5 克	7 克
鮮奶	86 克	123 克
B		
即溶酵母粉	4 克	5 克
C		
無鹽奶油	18 克	25 克

＊更好吃的中種法配方參照 p.142

做法

（詳細可參照 p.21 超簡單步驟 step by step）

❶ 材料精準測量好，將葉片放置妥當。

❷ 將材料 A 倒入攪拌缸內。

❸ 攪拌缸放入機器中，蓋上機體上蓋，將材料 B 倒入酵母盒內。

❹ 依照機種指示完成按鍵選項，按下「開始鍵」，約 10 分鐘後放入材料 C。

❺ 吐司烘烤完成。

❻ 取出完成的吐司放在網架上冷卻。

MEMO

1. 選用台灣本土的馬鈴薯最好，因為蒸熟後的馬鈴薯非常鬆軟，水分充足。馬鈴薯泥一定要等到完全降溫且冷藏過後，才能加入麵包機操作。

2. 馬鈴薯泥的水分可能會影響麵團的揉製狀況，所以材料 A 中的水不要一次全部加入，最好是慢慢加入，以免麵團太濕而導致失敗。

吐司多變化

完成了一個吐司，搭配各式果醬，塗抹奶油、柔軟的起司是最基本款的吃法，可是吃膩了怎麼辦？沒關係，那就加點料，來點變化吧！保證每個人都會愛上吃吐司。

Fruit & Cream Sandwich
水果鮮奶油三明治

Ham & Cheese Sandwich
火腿起司蛋三明治

Fruit & Cream Sandwich
水果鮮奶油三明治

令人懷念的兒時美味

材料

自製隨意口味的吐司 6 片
水蜜桃 100 克
奇異果 80 克
鮮奶油 150 克

做法

❶ 鮮奶油放入攪拌盆內,用電動打蛋器打至鬆發膨起,冷藏。

❷ 水蜜桃、奇異果削除外皮,切成船形片。

❸ 將 3 片吐司攤開,每片都抹上 1 大匙打發的鮮奶油,抹平。

❹ 水蜜桃、奇異果鋪在鮮奶油上面,蓋上另一片吐司。

❺ 在做法❹上再抹鮮奶油,放好水果,蓋上另一片吐司。接著把吐司的四個邊切除,用保鮮膜包緊放入冰箱冷藏至少 30 分鐘,取出再對切成三角形或長方形。

MEMO

此處使用的鮮奶油是植物性鮮奶油,微甜,打發後的穩定性較佳。這裡要打發至體積膨脹數倍且濃稠,約 6 分發,可參照上方做法❶的圖。

Ham & Cheese Sandwich
火腿起司蛋三明治

營養豐富、最受歡迎 No.1

材料

自製隨意口味的吐司 9 片　　美乃滋適量
火腿 6 片　　　　　　　　　橄欖油 1 小匙
起司 6 片　　　　　　　　　太白粉 1 小匙
雞蛋 3 顆　　　　　　　　　水 2 小匙
　　　　　　　　　　　　　鹽、胡椒各少許

做法

❶ 雞蛋打散。太白粉和水混合攪勻,倒入蛋液中攪拌,再加入鹽、胡椒。

❷ 平底鍋燒熱,倒入橄欖油,轉動鍋子讓油佈滿鍋面,等油熱了倒入 1/3 量的蛋液煎成片狀,一共煎 3 次。

❸ 將 3 片吐司攤開,每片都抹上 1 大匙美乃滋,抹平。

❹ 依序放入起司片、火腿、蛋片,蓋上另一片吐司,再塗抹美乃滋,然後放入起司片、火腿、蛋片,最後再蓋上吐司。

❺ 將吐司的四個邊切除,再對切成三角形或長方形。

MEMO

除了美乃滋以外,可依照個人喜好塗抹蕃茄醬、芥末醬等等。

這個單元介紹的吐司、麵包多加入了各種餡料，讓人吃得更滿足！此外，除了口味上多一點變化之外，造型上也加入些許巧思，同樣利用麵包機輔助揉製麵團來製作，非常適合想要挑戰「進階版」的讀者嘗試。

Part
2

料多餡足變化款
吐司和麵包

Blueberry Toast
藍莓多酚吐司

柔和的淡紫色，浪漫而柔軟

功能／一般麵包或
鬆軟麵包
烤色／淡

材料	成品總重 約 550 克	成品總重 約 700 克
A		
高筋麵粉	300 克	400 克
奶粉	12 克	16 克
細砂糖	24 克	32 克
鹽	4 克	6 克
新鮮或 冷凍藍莓	80 克	110 克
水	100 克	130 克
植物油	12 克	16 克
B		
即溶酵母粉	3 克	4 克

＊更好吃的中種法配方參照 p.141

做法

① 攪拌缸內的葉片放置妥當。

② 材料 A 倒入攪拌缸內，放入機器中。

③ 蓋上機體上蓋，將材料 B 倒入酵母盒內。

④ 依照機種指示完成按鍵選項，按下「開始」鍵。

⑤ 烘烤完成，取出吐司放在網架上冷卻。

MEMO

1. 新鮮藍莓要特別注意的是保存狀況，因為新鮮藍莓很容易在運送的過程中遭到黴菌感染，尤其台灣氣候潮濕，儲存不當容易長霉，因此購買時要特別注意。

2. 市場上還有曬過的藍莓乾可供選擇，但是這個食譜並不適合用藍莓乾，建議讀者不要自行替換。

Whole Wheat & Walnut Toast
麥香核桃吐司

香脆的核桃，配上天然的全麥香

功能／全麥麵包或
　　　葡萄乾麵包
烤色／淡

材料	成品總重 約 550 克	成品總重 約 750 克
A		
高筋麵粉	210 克	280 克
全麥麵粉	90 克	120 克
細砂糖	30 克	40 克
鹽	3 克	4 克
水	180 克	240 克
植物油	15 克	20 克
B		
即溶酵母粉	4 克	6 克
C		
核桃	45 克	60 克

＊更好吃的中種法配方參照 p.141

做法

❶ 核桃先剝小塊，放入乾鍋內以火稍微乾炒一下，等香氣散出後起鍋。

❷ 攪拌缸內的葉片放置妥當。

❸ 材料 A 倒入攪拌缸內，放入機器中。

❹ 蓋上機體上蓋，將材料 B 倒入酵母盒內。

❺ 依照機種指示完成按鍵選項，按下「開始」鍵。

❻ 機體會在適當的時間發出「嗶嗶」提示聲，這時開啟上蓋加入材料 C，蓋上機體上蓋麵包機會繼續操作。

❼ 吐司烘烤完成。

❽ 取出吐司放在網架上冷卻。

MEMO

核桃含有豐富不飽和脂肪酸，很容易氧化酸敗，所以平常務必把核桃存放在冰箱冷凍室中。此外，剝碎後的核桃會有皮屑摻雜其中，這時可以拿一支粗目篩網，可用粗孔篩網，篩掉碎屑。

[安琪老師說]

正如 p.21 中說的，市面上的麵包機大致分成：1. 獨立酵母粉投入盒；2. 獨立酵母粉投入＋獨立乾料投入盒；3. 一個攪拌缸這三種。不管有無乾料投入盒，只要選擇「葡萄乾麵包」功能，機體都會在適當的時機發出嗶嗶嗶的提示聲，差別只在於操作者是否省事。因為有投入盒的機器不需要操作者隨伺在側，只要把乾料類食材放入盒子內；而沒有投入盒的機器，就得要聽提示聲，採用人工投入法。

Chocolate Toast
巧克力吐司

濃純巧克力香，是小孩子們的最愛

功能／一般麵包或
　　　葡萄乾麵包
烤色／中等

材料	成品總重 約 550 克	成品總重 約 750 克
A		
高筋麵粉	300 克	400 克
細砂糖	20 克	28 克
鹽	3 克	5 克
水	100 克	140 克
鮮奶	55 克	77 克
無糖可可粉	6 克	8 克
植物油	15 克	20 克
小蘇打粉	1 克	2 克
B		
即溶酵母粉	3 克	4 克
C		
高融點 巧克力豆	45 克	60 克

＊更好吃的中種法配方參照 p.141

做法

（可參照 p.45 的詳細步驟）

❶ 攪拌缸內的葉片放置妥當。

❷ 材料 A 倒入攪拌缸內，放入機器中。

❸ 蓋上機體上蓋，將材料 B 倒入酵母盒內。

❹ 依照機種指示完成按鍵選項，按下「開始」鍵。

❺ 機體會在適當的時間發出「嗶嗶」提示聲，
　　這時開啟上蓋加入材料 C，蓋上機體上蓋，
　　麵包機會繼續操作。

❻ 吐司烘烤完成，取出吐司放在網架上冷卻。

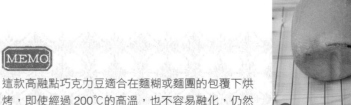

MEMO

這款高融點巧克力豆適合在麵糊或麵團的包覆下烘
烤，即使經過 200℃的高溫，也不容易融化，仍然
可以保持外型。讀者可以在烘焙材料行選購，或是
到大型的百貨超市採買。

Pumpkin Toast
南瓜堅果吐司

自然甘甜，健康吐司 No.1

功能／一般麵包或
　　　葡萄乾麵包
烤色／淡

材料	成品總重 約 550 克	成品總重 約 750 克
A		
高筋麵粉	300 克	400 克
細砂糖	24 克	32 克
鹽	3 克	4 克
水	100 克	140 克
南瓜泥	80 克	100 克
植物油	20 克	28 克
B		
即溶酵母粉	3 克	4 克
C		
南瓜籽	30 克	45 克

＊更好吃的中種法配方參照 p.143

做法

（可參照 p.45 的詳細步驟）

❶ 攪拌缸內的葉片放置妥當。

❷ 材料 A 倒入攪拌缸內，放入機器中。

❸ 蓋上機體上蓋，將材料 B 倒入酵母盒內。

❹ 依照機種指示完成按鍵選項，按下「開始」鍵。

❺ 機體會在適當的時間發出「嗶嗶」提示聲，
　 這時開啟上蓋加入材料 C，蓋上機體上蓋，
　 麵包機會繼續操作。

❻ 等第二次發酵完成後，打開上蓋，用剪刀在麵
　 團表面剪出數個小開口，狀似刺蝟的尖刺。

❼ 吐司烘烤完成，取出吐司放在網架上冷卻。

MEMO

1. 第二次發酵完成可以藉由機體的倒數計時時間螢幕來推算，通常離烘烤完成前的 1 個小
   時，代表麵團已經完成二次發酵，打開上蓋檢查麵團是否有膨脹。

2. 從按下「開始」鍵起，機體會自己把材料揉成團，先進行約 60 分鐘的第一次發酵，接
   著機體會自己攪拌 5 分鐘，再進行大約 50 ～ 60 分鐘的第二次發酵。

Rye Raisin Toast
裸麥黃金吐司
樸實的鄉村風味，包含法國老奶奶的溫暖在裡面

功能／一般麵包或
葡萄乾麵包
烤色／淡

材料	成品總重 約 550 克	成品總重 約 750 克
A		
高筋麵粉	255 克	340 克
裸麥粉	45 克	60 克
細砂糖	30 克	40 克
鹽	3 克	5 克
水	100 克	140 克
鮮奶	80 克	100 克
植物油	15 克	20 克
B		
即溶酵母粉	3 克	4 克
C		
黃金葡萄乾	45 克	60 克

＊更好吃的中種法配方參照 p.143

做法
（可參照 p.45 的詳細步驟）

❶ 攪拌缸內的葉片放置妥當。

❷ 材料 A 倒入攪拌缸內，放入機器中。

❸ 蓋上機體上蓋，將材料 B 倒入酵母盒內。

❹ 依照機種指示完成按鍵選項，按下「開始」鍵。

❺ 機體會在適當的時間發出「嗶嗶」提示聲，
這時開啟上蓋加入材料 C，蓋上機體上蓋，
麵包機會繼續操作。

❻ 吐司烘烤完成，取出吐司放在網架上冷卻。

MEMO

1. 黃金葡萄乾在使用前先切半，浸泡溫水 10 分
鐘，取出瀝乾後再使用。

2. 烘烤前（完成前倒數 60 分鐘）打開上蓋，薄撒
麵粉，用小刀劃上淺淺的十字刻痕，即可出現
如做法❻ 圖中的表面。

French Wine Toast
法式紅酒吐司
紅酒口味的麵包，散發成熟的韻味

材料	成品總重約 500 克	成品總重約 700 克
A		
法國高筋麵粉	300 克	400 克
細砂糖	15 克	20 克
鹽	5 克	6 克
水	100 克	140 克
紅酒	80 克	100 克
植物油	15 克	20 克
B		
即溶酵母粉	3 克	4 克

＊更好吃的中種法配方參照 p.143

做法

① 攪拌缸內的葉片放置妥當。

② 材料 A 倒入攪拌缸內，放入機器中。

③ 蓋上機體上蓋，將材料 B 倒入酵母盒內。

④ 依照機種指示完成按鍵選項，按下「開始」鍵。

⑤ 等第二次發酵完成後，打開上蓋在麵團表面撒薄薄一層高筋麵粉（材料量以外），用小刀切劃淺痕，蓋上上蓋。

⑥ 烘烤完成，取出吐司放在網架上冷卻。

MEMO

1. 材料中的紅酒必須先倒入小鍋煮沸，降溫後冷藏備用。

2. 第二次發酵完成可以藉由機體的倒數計時的時間螢幕來推算，通常離烘烤完成前的 1 個小時，代表麵團已經完成二次發酵，打開上蓋檢查麵團是否有膨脹。

3. 從按下「開始」鍵起，機體會自己把材料揉成團，先進行約 60 分鐘的第一次發酵，接著機體會自己攪拌大約 5 分鐘，再進行 50 ～ 60 分鐘的第二次發酵。

Carrots Brown Rice Toast
胡蘿蔔糙米吐司
明星健康食材胡蘿蔔有新吃法囉！

功能／葡萄乾麵包
烤色／淡

材料	成品總重 約 550 克	成品總重 約 700 克
A		
高筋麵粉	300 克	400 克
細砂糖	24 克	32 克
鹽	4 克	6 克
胡蘿蔔絲	45 克	60 克
水	135 克	180 克
植物油	20 克	28 克
B		
即溶酵母粉	4 克	6 克
C		
糙米飯	45 克	60 克

＊更好吃的中種法配方參照 p.144

做法

（可參照 p.45 的詳細步驟）

❶ 攪拌缸內的葉片放置妥當。

❷ 材料 A 倒入攪拌缸內，放入機器中。

❸ 蓋上機體上蓋，將材料 B 倒入酵母盒內。

❹ 依照機種指示完成按鍵選項，按下「開始」鍵。

❺ 機體會在適當的時間發出「嗶嗶」提示聲，這時開啟上蓋加入材料 C，蓋上機體上蓋，麵包機會繼續操作。

❻ 烘烤完成，取出吐司放在網架上冷卻。

 MEMO

1. 這裡的糙米是在材料攪拌成團後才加入，不影響材料的水分。如果想要在一開始就加入材料中攪拌，則配方中的水分要減少。此外，加入糙米後要避免過度攪拌，以免糙米的黏性和水分影響麵團。

2. 烘烤前（完成前倒數 60 分鐘）打開上蓋，薄撒麵粉，用小刀劃上淺淺的放射狀刻痕，即可出現如做法❻ 圖中的表面。

Green Tea & Lemon Toast
抹茶檸檬吐司

薄薄一層檸檬糖衣搭配抹茶麵包，
嘗過的人都說好！

材料	成品總重 約 550 克	成品總重 約 700 克
A		
高筋麵粉	300 克	400 克
烘焙用 抹茶粉	15 克	20 克
細砂糖	20 克	27 克
鹽	3 克	4 克
水	100 克	140 克
鮮奶	80 克	100 克
植物油	20 克	28 克
檸檬皮屑	1/2 顆	1/4 顆
B		
即溶酵母粉	4 克	6 克
C		
糖粉	50 克	同
檸檬汁	1 小匙	同

＊更好吃的中種法配方參照 p.144

功能／一般麵包或
　　　鬆軟麵包
烤色／淡

做法

❶ 攪拌缸內的葉片放置妥當。

❷ 材料 A 倒入攪拌缸內，放入機器中。

❸ 蓋上機體上蓋，將材料 B 倒入酵母盒內。

❹ 依照機種指示完成按鍵選項，按下「開始」鍵。

❺ 等第二次發酵完成後，打開上蓋在麵團表面
擠入檸檬糖霜，蓋上上蓋。

❻ 烘烤完成，取出吐司放在網架上冷卻。

 MEMO

1. 檸檬糖霜的做法是將糖粉篩入攪拌盆，加入檸檬汁以後不停地攪拌，糖粉會慢慢溶化。
   如果覺得檸檬汁的份量不夠，就一點點慢慢增加，直到糖粉整體均勻攪拌成糖霜。把糖
   霜裝入擠花袋內，袋口剪一個小洞就可以使用。

2. 第二次發酵完成可以藉由機體的倒數計時時間螢幕來推算，通常離烘烤完成前的 1 個小
   時，代表麵團已經完成二次發酵，打開上蓋檢查麵團是否有膨脹。

3. 從按下「開始」鍵起，機體會自己把材料揉成團，先進行約 60 分鐘的第一次發酵，接
   著機體會自己攪拌 5 分鐘，再進行 50 ～ 60 分鐘的第二次發酵。

Sesame Toast
芝麻高鈣吐司
令人安心的健康風味，當正餐、點心都適合

材料	成品總重 約 550 克	成品總重 約 750 克
A		
高筋麵粉	300 克	400 克
奶粉	12 克	16 克
細砂糖	21 克	28 克
鹽	4 克	6 克
水	190 克	250 克
植物油	12 克	16 克
熟黑芝麻粉	30 克	40 克
B		
即溶酵母粉	4 克	6 克

＊更好吃的中種法配方參照 p.144

做法

① 攪拌缸內的葉片放置妥當。

② 材料 A 倒入攪拌缸內，放入機器中。

③ 蓋上機體上蓋，將材料 B 倒入酵母盒內。

④ 依照機種指示完成按鍵選項，按下「開始」鍵。

⑤ 烘烤完成，取出吐司放在網架上冷卻。

⑤

MEMO

這裡使用的是熟黑芝麻粉，黑芝麻香氣濃郁、不飽和脂肪含量高，非常適合用來製作麵包。

Fruits Brioche
布里歐水果

奶油麵包中加入水果乾，口感更富層次，多重享受。

材料	成品總重 約 550 克	成品總重 約 750 克
A		
高筋麵粉	250 克	350 克
細砂糖	39 克	55 克
鹽	4 克	5 克
水	35 克	45 克
雞蛋	74 克	105 克
鮮奶	49 克	70 克
無鹽奶油	42 克	60 克
B		
即溶酵母粉	4 克	5 克
C		
綜合水果乾 （葡萄乾、青 堤子、蔓越莓 乾、芒果乾等 等）	63 克	90 克

＊更好吃的中種法配方參照 p.145

做法

（可參照 p.45 的詳細步驟）

1. 攪拌缸內的葉片放置妥當。
2. 材料 A 倒入攪拌缸內，放入機器中。
3. 蓋上機體上蓋，將材料 B 倒入酵母盒內。
4. 依照機種指示完成按鍵選項，按下「開始」鍵。
5. 機體會在適當的時間發出「嗶嗶」提示聲，這時開啟上蓋加入材料 C，蓋上機體上蓋，麵包機會繼續操作。
6. 烘烤完成，取出吐司放在網架上冷卻。

MEMO

通常包入麵團內的水果都是經過處理的「水果乾」，因此在加入麵團之前，都要預先浸泡溫水或是蘭姆酒，目的是讓水果乾軟化，可以與麵團均勻混合，而且烘烤完成之後也不會與主體分離、脫落。

53

Onion & Cereals Toast
洋蔥五穀吐司

洋蔥的香甜與雜糧的香氣，全都吃得到

功能／先用一般麵包或
　　　穀類麵包，再烘焙
烤色／中等

材料	成品總重 約700克	成品總重 約1000克
A		
高筋麵粉	270 克	360 克
雜糧預拌粉	30 克	40 克
細砂糖	30 克	40 克
鹽	4 克	6 克
水	180 克	240 克
植物油	20 克	28 克
B		
即溶酵母粉	4 克	6 克
C		
洋蔥餡料	180 克	280 克

＊更好吃的中種法配方參照 p.145

做法

❶ 攪拌缸內的葉片放置妥當，材料 A 倒入攪拌缸內，放入機器中。

❷ 蓋上機體上蓋，將材料 B 倒入酵母盒內。

❸ 依照機種指示完成按鍵選項，按下「開始」鍵，材料在麵包機內攪拌成團，且進行第一次發酵 50 ～ 60 分鐘。

❹ 等第一次發酵完成後取出麵團，先按下「取消或停止」鍵。把麵團放在工作檯上，雙手輕輕搓揉擠出空氣，讓麵團體積恢復原本發酵前的大小，蓋上保鮮膜靜置 15 分鐘。

❺ 在工作檯上撒薄薄的手粉（高筋麵粉，材料量以外），先用手將麵團壓扁，再擀開成片狀，鋪上材料 C。

❻ 將麵團捲起。

❼ 將麵團切成 4 等份。

❽ 在攪拌缸內鋪好烘焙紙。

❾ 將麵團切口朝上放入攪拌缸內，進行第二次發酵 60 ～ 90 分鐘。

❿ 確認麵團有膨脹。

⓫ 選擇「單獨烘焙」的功能選項，按下「開始」鍵，時間設定 35 分鐘。或直接將麵團放入已預熱達 180℃的烤箱中烘焙 35 分鐘。

⓬ 烘烤完成，取出吐司放在網架上冷卻。

MEMO

1. 洋蔥餡料的做法是將洋蔥切絲，用少許橄欖油炒至淡褐色，加少許鹽和胡椒調味，起鍋平鋪在廚房紙巾上吸掉多餘的油脂，等降溫後冷藏備用。

2. 這個配方中的雜糧預拌粉並不多，只佔全部麵粉的 10%，讀者可隨個人喜好決定，最多可以增加到 30%。

Coffee Milky Filling Toast

咖啡奶酥吐司

咖啡香濃，奶酥香甜，是最佳搭配

功能／先用一般麵包或
　　　鬆軟麵包，再烘焙
烤色／深

材料	成品總重 約 700 克	成品總重 約 900 克
A		
高筋麵粉	300 克	400 克
細砂糖	30 克	40 克
鹽	4 克	6 克
水	180 克	240 克
雞蛋	30 克	40 克
植物油	20 克	28 克
即溶咖啡粉	6 克	9 克
B		
即溶酵母粉	4 克	6 克
C		
奶酥	150 克	同

＊更好吃的中種法配方參照 p.145

做法

❶ 攪拌缸內的葉片放置妥當，材料 A 倒入攪拌缸內，放入機器中。

❷ 蓋上機體上蓋，將材料 B 倒入酵母盒內。

❸ 依照機種指示完成按鍵選項，按下「開始」鍵，材料在麵包機內攪拌成團，且進行第一次發酵 50～60 分鐘。

❹ 等第一次發酵完成後取出麵團，先按下「取消或停止」鍵。把麵團放在工作檯上，雙手輕輕搓揉擠出空氣，讓麵團體積恢復原本發酵前的大小，蓋上保鮮膜靜置 15 分鐘。

❺ 在工作檯上撒薄薄的手粉（高筋麵粉，材料量以外），將麵團擀平。

❻ 鋪入材料 C 並壓平。

❼ 將麵團折起，邊緣收口壓好，用刀在麵團上劃幾刀。

❽ 將麵團如圖片中往內折捲。

❾ 將麵團放入攪拌缸內，蓋上上蓋，進行第二次發酵。

❿ 選擇「單獨烘焙」的功能選項，按下「開始」鍵，時間設定 35 分鐘。或者直接將麵團放入已預熱達 180℃的烤箱中烘焙 35 分鐘。

⓫ 烘烤完成，取出吐司放在網架上冷卻。

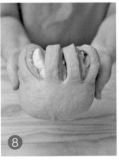

MEMO

奶酥的做法：將室溫軟化的 100 克無鹽奶油倒入盆中，加入 80 克糖粉，以打蛋器打至變白、膨脹，加入 20 克蛋液一點一點地加入拌勻至乳化，再加入 100 克奶粉混合，放入冰箱冷藏備用。此外，咖啡粉先溶於水較易拌勻。

Butter Challah Bread
奶油辮子吐司

濃郁奶油香，獨特造性，美味又吸睛

功能／先用一般麵包，
　　　再烘焙
烤色／淡

做法⑩中將麵團編成辮子狀，可參
照右邊 3 個步驟圖編好。

MEMO

做法⑩中將麵團編成辮子狀，可參
照右邊 3 個步驟圖編好。

1. 先分成 3 條。

2. 右邊 2 條先交叉。

3. 左邊那一條往右加入編織，再
   如同綁頭髮般編好。

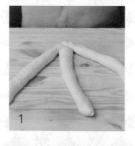

材料	成品總重 約 550 克	成品總重 約 700 克
A		
高筋麵粉	300 克	400 克
低筋麵粉	50 克	67 克
細砂糖	45 克	60 克
鹽	3 克	4 克
脫脂奶粉	15 克	21 克
水	185 克	245 克
雞蛋	25 克	35 克
B		
即溶酵母粉	4 克	5 克
C		
無鹽奶油	25 克	35 克
D		
蛋液	適量	同

* 更好吃的中種法配方參照 p.146

做法

❶ 攪拌缸內的葉片放置妥當，材料 A 倒入攪拌缸內，放入機器中。

❷ 蓋上機體上蓋，將材料 B 倒入酵母盒內。

❸ 依照機種指示完成按鍵選項，按下「開始」鍵，材料在麵包機內攪拌成團，這時準備一個計時器，設定「10 分鐘」，當計時器嗶嗶作響時，把材料 C 加入攪拌缸內，直到攪拌完成，取出麵團放在工作檯上，雙手輕輕搓揉，讓麵團表面光滑。

❹ 取出攪拌缸內的葉片，麵團收口朝下放置在攪拌缸內，蓋上機器上蓋，進行第一次發酵 50 ～ 60 分鐘。

❺ 等第一次發酵完成後取出麵團，先按下「取消或停止」鍵。把麵團放在工作檯上，雙手輕輕搓揉擠出空氣，讓麵團體積恢復原本發酵前的大小，蓋上保鮮膜靜置 10 分鐘。

❻ 在工作檯上撒薄薄的手粉（高筋麵粉，材料量以外），將麵團分割成 3 等份。

❼ 將 3 塊麵團搓圓，收口朝下整齊排列在工作檯上，蓋上保鮮膜靜置 10 分鐘。

❽ 把麵團擀平。

❾ 翻面讓收口朝上，捲起。

❿ 將麵團搓成長條狀，編成辮子。

⓫ 將辮子兩端向中間折入，相疊放入攪拌缸內進行第二次發酵 60 分鐘。

⓬ 等第二次發酵完成後，在麵團表面薄塗材料 D，撒上 1 大匙細砂糖。（希望辮子圖案明顯的話可不撒糖）

⓭ 選擇「單獨烘焙」的功能選項，按下「開始」鍵，時間設定 35 分鐘。或者直接將麵團放入已預熱達 180℃ 的烤箱中烘焙 35 分鐘。

⓮ 烘烤完成，取出吐司放在網架上冷卻。

Ham & Cheese Toast
火腿起司吐司

經典不敗的口味，大人小孩都愛

功能／先用一般麵包，
　　　再烘焙
烤色／淡

材料	成品總重約 550 克	成品總重約 700 克
A		
法國高筋麵粉	300 克	400 克
奶粉	12 克	16 克
細砂糖	12 克	16 克
鹽	3 克	4 克
水	180 克	240 克
植物油	9 克	12 克
B		
即溶酵母粉	3 克	4 克
C		
火腿片	2 片	同
起司片	2 片	同
D		
蛋液	適量	同

＊更好吃的中種法配方參照 p.146

做法

① 攪拌缸內的葉片放置妥當，材料 A 倒入攪拌缸內，放入機器中。

② 蓋上機體上蓋，將材料 B 倒入酵母盒內。

③ 依照機種指示完成按鍵選項，按下「開始」鍵，材料在麵包機內攪拌成團，且進行第一次發酵 50 ～ 60 分鐘。

④ 等第一次發酵完成後取出麵團，先按下「取消或停止」鍵。把麵團放在工作檯上，雙手輕輕搓揉擠出空氣，讓麵團體積恢復原本發酵前的大小，蓋上保鮮膜靜置 10 分鐘。

⑤ 在工作檯上撒薄薄的手粉（高筋麵粉，材料量以外），輕輕搓圓麵團，收口朝下放在工作檯上，蓋上保鮮膜靜置 10 分鐘。

⑥ 將麵團擀開第一次。

⑦ 將麵團捲起。

⑧ 收口朝下擀開第二次。

⑨ 翻面讓收口朝上，整齊鋪上火腿片和起司片。

⑩ 麵團連同火腿片和起司片捲起。

⑪ 收口捏緊朝下放入攪拌盆，進行第二次發酵，大約 60 分鐘。

⑫ 確認麵團有膨脹，在表面塗抹材料 D。

⑬ 選擇「單獨烘焙」的功能選項，按下「開始」鍵，時間設定 35 分鐘。或者直接將麵團放入已預熱達 180℃的烤箱中烘焙 35 分鐘。

⑭ 烘烤完成，取出吐司放在網架上冷卻。

 這款麵包使用的起司片是各大超市都買得到的片狀起司，通常顏色偏橘黃的口感較濃，顏色偏乳白的口感較溫和，讀者可以隨個人喜好決定。另外，使用一般麵粉製作亦可。

Dried Bonito
Flakes Nori Brioche

柴魚海苔布里歐

日式海洋風味麵包，味覺新感受

功能／先用快速麵包，
　　　再烘焙
烤色／淡

 這個麵包是採用「中種發酵法」製作，之後在 p.136 會詳加介紹這種方法。它與本書中常見的直接發酵法略有不同，但卻可以大大提升麵包的柔軟度，建議讀者一定要試試。

材料	成品總重約 500 克	成品總重約 650 克
A		
高筋麵粉	170 克	250 克
雞蛋	81 克	118 克
水	25 克	36 克
B		
即溶酵母粉	3 克	5 克
C		
高筋麵粉	74 克	107 克
青海苔	5 克	8 克
細砂糖	25 克	35 克
鹽	3 克	5 克
鮮奶	49 克	71 克
D		
無鹽奶油	35 克	49 克
E		
柴魚片	10 克	同
蛋液、美乃滋	適量	同

＊此款吐司為中種法製作

做法

❶ 攪拌缸內的葉片放置妥當，材料 A 倒入攪拌缸內，放入機器中。

❷ 蓋上機體上蓋，將材料 B 倒入酵母盒內。

❸ 依照機種指示完成按鍵選項，按下「開始」鍵，材料在麵包機內攪拌成團，按下「取消或停止」按鍵。不插電也不預設功能鍵，讓麵團靜置發酵，進行第一次發酵約 2 小時。

❹ 等第一次發酵完成後取出麵團，放在工作檯上，雙手輕輕搓揉擠出空氣，讓麵團體積恢復原本發酵前的大小，蓋上保鮮膜靜置 10 分鐘。

❺ 麵團放回攪拌缸內，將材料 C 倒入攪拌缸內，蓋上機體上蓋。

❻ 選擇「快速」的功能選項，按下「開始」鍵，約 10 分鐘後放入材料 D，直到攪拌完成，按下「取消或停止」鍵。

❼ 取出麵團，放在撒了一層薄薄麵粉（手粉）的工作檯上，把麵團表面收整光滑，收口朝下蓋上保鮮膜，靜置 15 分鐘。

❽ 將麵團搓圓，然後擀成長橢圓狀。

❾ 將麵團翻面撒上柴魚片碎，然後左右兩邊的麵團向中間折入。

❿ 將麵團縱向折三折，收口捏緊。捲起放入攪拌缸內，讓麵團進行第二次發酵約 60 分鐘。

⓫ 等麵團完成第二次發酵（表面有膨脹），在麵團表面塗抹蛋液，再以刀劃出淺的割痕。

⓬ 擠入美乃滋。

⓭ 選擇「單獨烘焙」的功能選項，按下「開始」鍵，時間設定 35 分鐘。或者直接將麵團放入已預熱達 180℃的烤箱中烘焙 35 分鐘。

⓮ 烘烤完成，吐司放在網架上冷卻。

Red Bean Taro Paste Bread
紅豆芋泥起酥麵包

歐式奶油麵包搭配日式風味，新口味必嘗！

功能／先用一般麵包，
　　　再烘焙
烤色／深

MEMO

在麵團發酵或是靜置鬆弛的過程中蓋上布，是為了防止麵團表面風乾變硬，但必須是乾淨且擰乾的濕布。這與蓋上保鮮膜或是利用發酵箱、攪拌缸倒扣蓋住的道理是一樣的。

材料	成品總重 約 650 克	成品總重 約 800 克
A		
高筋麵粉	200 克	280 克
低筋麵粉	50 克	70 克
細砂糖	45 克	63 克
鹽	3 克	4 克
脫脂奶粉	15 克	21 克
水	115 克	161 克
雞蛋	25 克	35 克
B		
即溶酵母粉	3 克	4 克
C		
無鹽奶油	25 克	35 克
D		
紅豆餡	85 克	85 克
芋泥餡	85 克	85 克
E		
蛋液	適量	同
黑芝麻粒	少許	同
冷凍起酥片	1 片	同

＊更好吃的中種法配方參照 p.146

做法

❶ 攪拌缸內的葉片放置妥當，材料 A 倒入攪拌缸內，放入機器中。

❷ 蓋上機體上蓋，將材料 B 倒入酵母盒內。

❸ 依照機種指示完成按鍵選項，按下「開始」鍵，材料在麵包機內攪拌成團，這時準備一個計時器，設定「10 分鐘」，當計時器嗶嗶作響時，把材料 C 加入攪拌缸內，直到攪拌完成，取出麵團放在工作檯上，雙手輕輕搓揉，讓麵團表面光滑。

❹ 取出攪拌缸內的葉片，麵團收口朝下放置在缸內，蓋上機器上蓋，進行第一次發酵 50～60 分鐘。

❺ 等第一次發酵完成後取出麵團，先按下「取消或停止」鍵。把麵團放在工作檯上，雙手輕輕搓揉擠出空氣，讓麵團體積恢復原本發酵前的大小，攪拌缸倒扣蓋住麵團，靜置 10 分鐘。

❻ 在工作檯上撒薄薄的手粉（高筋麵粉，材料量以外），將麵團各分割成 2 等份。麵團搓圓，收口朝下整齊排列在工作台上，蓋上保鮮置靜置 10 分鐘。

❼ 把麵團擀平。

❽ 包入紅豆餡，收口捏緊朝下。

❾ 表面鋪上 1/2 片起酥片。

❿ 另一份麵團也是擀平，包入芋泥餡，表面鋪上 1/2 片起酥片。

⓫ 以收口朝下方式將 2 個麵團疊放入鋪放烘焙紙的攪拌盆，進行第二次發酵 60 分鐘。

⓬ 等二次發酵完成後，在起酥皮表面用小刀畫出斜線開口，然後薄塗蛋液。

⓭ 撒上芝麻粒。

⓮ 選擇「單獨烘焙」的功能選項，按下「開始」鍵，時間設定 35 分鐘。或直接將麵團放入已預熱達 180℃的烤箱中烘焙 35 分鐘。

⓯ 烘烤完成，取出麵包放在網架上冷卻。

Matcha Black Rice Toast

抹茶紫米吐司

京都風與養生味結合，氣質感的顯現

功能／葡萄乾麵包
烤色／深

MEMO 把半杯紫米洗淨瀝乾，浸泡足量清水 30 分鐘，移入電鍋的內鍋，內鍋倒入半杯水，外鍋加 1 杯水蒸熟。蒸好的紫米必須燜在電鍋內 15 ～ 30 分鐘。等到紫米完全降溫後就可以使用，建議加入 1 大匙糖調味。

材料	成品總重 約 500 克	成品總重 約 650 克
A		
高筋麵粉	250 克	350 克
抹茶粉	5 克	7 克
細砂糖	25 克	35 克
鹽	3 克	4 克
脫脂奶粉	15 克	21 克
水	115 克	161 克
雞蛋	25 克	35 克
B		
即溶酵母粉	3 克	4 克
C		
無鹽奶油	25 克	35 克
D		
熟紫米	30 克	40 克

＊更好吃的中種法配方參照 p.147

做法

① 攪拌缸內的葉片放置妥當，材料 A 倒入攪拌缸，放入機器中。

② 蓋上機體上蓋，將材料 B 倒入酵母盒內。材料 D 倒入乾果盒內。

③ 依照機種指示完成按鍵選項，按下「開始」鍵，材料在麵包機內攪拌成團，這時準備一個計時器，設定「10 分鐘」，當計時器嗶嗶作響時，把材料 C 加入攪拌缸內。

④ 接著機器會繼續攪拌，並在適當時間自動打開乾果盒，加入熟紫米攪拌成團。如果沒有乾果盒，只要選擇「葡萄乾麵包」，機體也會在適當時間發出提示聲，這時打開上蓋加入熟紫米。

⑤ 熟紫米加入後機器會繼續操作。

⑥ 吐司烘烤完成，打開上蓋，取出吐司放在網架上冷卻。

Matrimony Vine Sesame Toast

枸杞芝麻吐司

天然的食材，自然派口味

功能／葡萄乾麵包
烤色／深

材料	成品總重 約 500 克	成品總重 約 650 克
A		
高筋麵粉	250 克	350 克
細砂糖	25 克	35 克
鹽	3 克	4 克
脫脂奶粉	15 克	21 克
水	90 克	126 克
南瓜泥	35 克	49 克
雞蛋	25 克	35 克
B		
即溶酵母粉	3 克	4 克
C		
無鹽奶油	25 克	35 克
D		
枸杞	15 克	21 克
黑芝麻粒	15 克	21 克
E		
白吐司麵團	150 克	210 克

＊更好吃的中種法配方參照 p.147

做法

❶ 攪拌缸內的葉片放置妥當，材料 A 倒入攪拌缸內，放入機器中。

❷ 蓋上機體上蓋，將材料 B 倒入酵母盒內。

❸ 依照機種指示完成按鍵選項，按下「開始」鍵，材料在麵包機內攪拌成團，這時準備一個計時器，設定「10 分鐘」，當計時器嗶嗶作響時，把材料 C 加入攪拌缸內，機體會在適當的時間發出「嗶嗶」提示聲，這時開啟上蓋加入材料 D，蓋上機體上蓋麵包機會繼續操作，直到完成攪拌。

❹ 取出攪拌缸內的葉片，麵團收口朝下放置在攪拌缸內，蓋上機器上蓋，進行第一次發酵 50～60 分鐘。

❺ 等第一次發酵完成後取出麵團，先按下「取消或停止」鍵。把麵團放在工作檯上，雙手輕輕搓揉擠出空氣，讓麵團體積恢復原本發酵前的大小，攪拌缸倒扣蓋住麵團，靜置 10 分鐘。

❻ 在工作檯上撒薄薄的手粉（高筋麵粉，材料量以外），把白吐司麵團擀平，包入南瓜枸杞麵團。

❼ 將包好的麵團翻過來。

❽ 在麵團表面劃 2 刀形成交叉開口，收口朝下放入攪拌缸內，進行第二次發酵 60 分鐘。

❾ 選擇「單獨烘焙」的功能選項，按下「開始」鍵，時間設定 35 分鐘。或者直接將麵團放入已預熱達 180℃的烤箱中烘焙 35 分鐘。

❿ 烘烤完成，取出吐司放在網架上冷卻。

MEMO

拍攝食譜時手邊剛好有多餘的白吐司麵團，純粹為了食材再利用，就順手拿來用在這當作麵包的外皮。讀者如果覺得另外製作白吐司麵團太麻煩，也可以省略。

Yogurt Toast
墨西哥優格吐司

麵包店點心在家自己做，減少油膩最健康

功能／先用快速麵包，
　　　再烘焙
烤色／深

材料	成品總重 約 650 克	成品總重 約 850 克
A		
高筋麵粉	200 克	280 克
低筋麵粉	50 克	70 克
細砂糖	45 克	63 克
鹽	3 克	4 克
脱脂奶粉	15 克	21 克
水	55 克	77 克
優格	60 克	84 克
雞蛋	25 克	35 克
B		
即溶酵母粉	3 克	4 克
C		
無鹽奶油	25 克	35 克
D		
無鹽奶油	100 克	同
糖粉	100 克	同
蛋液	75 克	同
奶粉	25 克	同
低筋麵粉	100 克	同

＊更好吃的中種法配方參照 p.147

做法

❶ 攪拌缸內的葉片放置妥當，材料 A 倒入攪拌缸內，放入機器中。

❷ 蓋上機體上蓋，將材料 B 倒入酵母盒內。

❸ 依照機種指示完成按鍵選項，按下「開始」鍵，材料在麵包機內攪拌成團，這時準備一個計時器，設定「10 分鐘」，當計時器嗶嗶作響時，把材料 C 加入攪拌缸內，直到攪拌完成，取出麵團放在工作檯上，雙手輕輕搓揉，讓麵團表面光滑。

❹ 取出攪拌缸內的葉片，麵團收口朝下放置在缸內，蓋上機器上蓋，進行第一次發酵 50～60 分鐘。

❺ 等第一次發酵完成後取出麵團，先按下「取消或停止」鍵。把麵團放在工作檯上，雙手輕輕搓揉擠出空氣，讓麵團體積恢復原本發酵前的大小，攪拌缸倒扣蓋住麵團，靜置 10 分鐘。

❻ 在工作檯上撒薄薄的手粉（高筋麵粉，材料量以外），將麵團搓揉緊實，收口朝下排列在工作檯上，蓋上保鮮膜靜置 10 分鐘。

❼ 製作墨西哥皮：將軟化的無鹽奶油、糖粉放入盆中，用打蛋器仔細攪拌至鬆發。

❽ 分次加入蛋液，繼續攪拌。

❾ 最後加入過篩的奶粉、低筋麵粉，改用橡皮刮刀拌勻所有材料，即完成墨西哥皮。接著放入塑膠袋內整平，放入冰箱冷藏備用。

❿ 取做好的 200 克墨西哥皮，壓扁。

⓫ 在麵團表面覆蓋墨西哥皮，麵皮包緊麵團。

⓬ 以收口朝下的方式，放入鋪了烘焙紙的攪拌缸內，進行第二次發酵 60 分鐘。

⓭ 選擇「單獨烘焙」的功能選項，按下「開始」鍵，時間設定 35 分鐘。或直接將麵團放入已預熱達 180℃的烤箱中烘焙 35 分鐘。

⓮ 烘烤完成，取出吐司放在網架上冷卻。

麵包機除了製作吐司很方便之外，
善加利用它的揉製麵團功能，饅頭
或是餅乾、點心和披薩也都變得輕
而易舉，甚至連各種口味的手工麵
條，麵包機都能幫你省時省力完成。

Part

3

超鬆軟吃不膩的
饅頭和點心

用麵包機做饅頭

除了吐司和麵包，饅頭也是常吃的麵食之一。利用麵包機做饅頭，最大的優點是幫助「揉製麵團」。饅頭也是我和家人相當喜愛的麵食，所以我利用許多時間來測試製作方法、新口味，以及加入餡料等變化，期望能更提升口感和美味度。以下是我多次實作後的心得分享，建議讀者在製作饅頭時先閱讀，相信可以減少失敗的機率。

成功做饅頭的 10 大秘訣

秘訣 **1** 本書的饅頭食譜都是以中筋麵粉混合低筋麵粉（比例為 8：2）製作而成，如果你想要全都以中筋麵粉製作也可以，但是不建議全部使用低筋麵粉，以免筋度不夠，發不起來。

秘訣 **2** 材料中都是用細白砂糖，如果想要改用二砂糖或黑糖也可以，但是不建議用糖粉。另外，本書在製作時適逢夏季，所以需把攪拌溶化的糖水放入冰箱，但如果你是在冬天製作，反而要改用溫水來溶化糖才行。

秘訣 **3**

水的部分，使用中硬度的水質來製作最好，也可以把家中自來水過濾後製作，但是不建議使用純水（蒸餾水）或是鹼性礦泉水。純水中無礦物質，酵母無法完全發揮功效，會發不漂亮。

秘訣 **4**

材料中的小蘇打粉（Baking Soda）用的是食品級小蘇打粉，購買時務必再三確認。小蘇打粉又稱為「重曹」，學名是「碳酸氫鈉」，它具有幫助材料酸鹼中和的功效，也有幫助麵團柔軟、鬆發的效果。本書中每一道食譜都可以添加 1/4 小匙的小蘇打粉。

秘訣 **5**

食譜中使用的植物油多為清淡的橄欖油、葵花油、大豆沙拉油或是葡萄籽油，你也可以選擇使用白油，但是不建議使用奶油，因為味道不合。

秘訣 **6**

想要確認蒸好的饅頭是否成功，可以用手指輕壓饅頭，如果立刻彈起恢復完整形狀，代表成功；反之如果饅頭壓下去之後沒有回彈，就代表失敗了。

秘訣 **7**

為了讓蒸好的饅頭外型漂亮，在分割麵團時，前後兩端的麵團可以切割下來當作下一回製作饅頭時的「老麵」。加入老麵製作的饅頭會帶有酸香味、口感較扎實。通常老麵可以冷藏保存，但是考量家庭的製作頻率不高，建議還是冷凍保存較為妥當，使用前冷藏回軟，就可以和主材料混合攪拌。而在麵團中加入老麵，通常加入的比例是麵粉比例的 15%，也就是說如果 100 克麵粉（中筋＋低筋）的話，可搭配 15 克老麵，建議最多不要超過 20%。

秘訣 **8**

饅頭蒸好之後不要急著立刻打開鍋蓋，因為冷熱空氣急速對流反而會導致饅頭皺縮，失敗而口感不佳。

秘訣 **9**

如果使用竹製蒸籠來製作，則鍋蓋不需再留縫隙，因為竹製蒸籠的透氣性佳。但若使用的是不鏽鋼蒸鍋（書中步驟圖中使用的），就必須以筷子夾著鍋蓋邊緣留一個小縫隙。

秘訣 **10**

準備一條夠大的乾淨棉布，把鍋蓋整個包裹住，可以防止水蒸氣滴落在饅頭表面，導致外型不好看且口感不佳。如果想一次蒸多一點，考量家中的瓦斯火力，最多一次蒸兩籠最為恰當。一次疊兩層蒸籠時，則必須延長大火蒸製的時間，至少 5 ～ 10 分鐘。

Milk Steamed Buns
鮮奶饅頭

最基本也是最受歡迎的口味，單吃夾餡都可口

功能／快速麵包或
披薩麵團

材料	成品數量 6～8個	成品數量 10～12個
中筋麵粉	240 克	320 克
低筋麵粉	60 克	80 克
即溶酵母粉	2 克	3 克
鮮奶	165 克	220 克
細砂糖	30 克	40 克
植物油	12 克	16 克

MEMO

1. 這裡用的「鮮奶」是低溫殺菌的鮮奶，而非高溫殺菌的保久乳。鮮奶可以提供麵粉不足的養分，例如鈣質、離氨酸和乳糖，也具有保濕性和無可取代的香氣。沒有鮮奶時，可改用奶粉，通常6克奶粉混合54克水（1：9），可以調配出完整比例的牛奶。

2. 用筷子輕觸饅頭的目的是確認熟透了沒。如果饅頭有彈性，代表蒸熟；如果饅頭被碰觸的地方下凹後無法順利回彈，代表饅頭還沒蒸熟。

做法

❶ 細砂糖加入鮮奶中攪拌溶化，放入冰箱冷藏備用。

❷ 攪拌缸內的葉片放置妥當，將所有材料倒入攪拌缸內，蓋上機體上蓋。

❸ 依照機種指示完成按鍵選項，按下「開始」鍵，機器開始揉製麵團，直到麵包機結束攪拌（沒有聲響了），按下「取消或停止」鍵。

❹ 取出麵團輕輕搓揉，使麵團表面光滑，蓋上保鮮膜靜置 15 分鐘。

❺ 在工作檯上撒薄薄的手粉（高筋麵粉，材料量以外），將麵團用擀麵棍擀開。

❻ 將麵團收口朝上，左右兩邊向中間折入。

❼ 將麵團擀開。

❽ 接著第二次折入，擀開，第三次折入，擀開，然後在麵團表面塗薄薄的水。

❾ 麵皮緊捲，再稍微搓揉變長。

❿ 將麵團切分成 6（或 10）等份。

⓫ 每份底部墊一張包子紙，整齊排放在蒸盤上。

⓬ 進行第二次發酵 60 ～ 90 分鐘

（冬天要 90 分鐘），麵團切面有膨脹起代表二次發酵成功。

⓭ 蒸饅頭前先把蒸籠的水燒開，蒸蓋包裹棉布，架上蒸盤，蓋上蒸蓋，但微留縫隙。

⓮ 先以大火蒸 15 分鐘，再轉最小火蒸 5 分鐘，關火，用筷子輕觸饅頭確認熟度。

⓯ 把蒸盤稍微傾斜續燜約 15 分鐘，再移開蒸盤。

Whole Wheat Steamed Buns
全麥饅頭
樸實的風味，令人懷念的家庭味

功能／快速麵包或
披薩麵團

MEMO

1. 雜糧粉因為麩質含量高，筋性差，讀者可以選擇添加小麥蛋白來增添筋性，或是酌量添加0.5% 小蘇打粉以軟化麵團。

2. 全麥饅頭也因為雜糧粒的成分，會導致口感比較乾硬，這時可以藉由堅果抹醬、香椿抹醬或是芝麻抹醬等高油脂抹醬，來解決口感差的問題。

材料	成品數量 6～8個	成品數量 10～12個
中筋麵粉	120 克	160 克
蔬菜燕麥 雜糧粉	120 克	160 克
低筋麵粉	60 克	80 克
奶粉	12 克	16 克
水	165 克	220 克
細砂糖	30 克	40 克
植物油	12 克	16 克
即溶酵母粉	3 克	4 克

做法

（可參照 p.77 的詳細步驟）

❶ 細砂糖加入水中攪拌溶化，放入冰箱冷藏備用。

❷ 攪拌缸內的葉片放置妥當，將所有材料倒入攪拌缸內，蓋上機體上蓋。

❸ 依照機種指示完成按鍵選項，按下「開始」鍵，機器開始揉製麵團，直到麵包機結束攪拌（沒有聲響了），按下「取消或停止」鍵。

❹ 取出麵團輕輕搓揉，使麵團表面光滑，蓋上保鮮膜靜置15分鐘。

❺ 在工作檯上撒薄薄的手粉（高筋麵粉，材料量以外），將麵團用擀麵棍擀開。

❻ 將麵團收口朝上，左右兩邊向中間折入，擀開。接著第二次折入，擀開，第三次折入，擀開，然後在麵團表面塗抹薄薄的水。

❼ 麵皮緊緊捲起，再稍微搓揉變長。

❽ 將麵團切分成6（或10）等份，每份底部墊一張包子紙，整齊排放在蒸盤上。

❾ 進行第二次發酵60～90分鐘（冬天要90分鐘），麵團切面有膨脹起代表二次發酵成功。

❿ 蒸饅頭前先把蒸籠的水燒開，蒸蓋包裹棉布，架上蒸盤，蓋上蒸蓋，但微留縫隙。

⓫ 先以大火蒸15分鐘，再轉最小火蒸5分鐘，關火，用筷子輕觸饅頭確認熟度。

⓬ 把蒸盤稍微傾斜續燜約15分鐘，再移開蒸盤。

Brown Sugar & Sweet Potato Steamed Buns
黑糖地瓜饅頭

黑糖與地瓜是絕配，可愛的造型更添人氣度

功能／快速麵包或
披薩麵團

MEMO

1. 製作地瓜泥：將新鮮地瓜 300 克去皮切小塊，放入電鍋，外鍋倒入 1 杯水蒸熟，取出略壓碎，等完全降溫之後，放入冰箱冷藏備用。如果不打算立刻製作，可放入夾鏈袋冷凍保存。

2. 黑糖饅頭表皮顏色深，帶有濃郁黑糖香氣，可能是摻入黑糖香精。一般人家中無黑糖香精，也不願摻入這種人工化學品，可以改用天然「黑糖蜜」，每 300 克麵粉只需加入 1 大匙黑糖蜜，但水量要減少 10 克。

材料	成品數量 6～8個	成品數量 10～12個
A		
中筋麵粉	240 克	320 克
低筋麵粉	60 克	80 克
黑糖粉	24 克	32 克
水	165 克	220 克
植物油	12 克	16 克
即溶酵母粉	2 克	3 克
B		
黑糖粉	30 克	40 克
地瓜泥	75 克	100 克

做法

（可參照 p.77 的詳細步驟）

❶ 黑糖加入水中攪拌溶化，放入冰箱冷藏備用。

❷ 攪拌缸內的葉片放置妥當，將材料 A 倒入攪拌缸內，蓋上機體上蓋。

❸ 依照機種指示完成按鍵選項，按下「開始」鍵，機器開始揉製麵團約 10 分鐘後，加入地瓜泥，蓋上機體上蓋會自動繼續攪拌，直到麵包機結束攪拌（沒有聲響了），按下「取消或停止」鍵。

❹ 取出麵團輕輕搓揉，使麵團表面光滑，蓋上保鮮膜靜置 15 分鐘。

❺ 在工作檯上撒薄薄的手粉（高筋麵粉，材料量以外），將麵團用擀麵棍擀成薄片。

❻ 將麵皮翻面，平均撒上黑糖粉。

❼ 將麵團捲起，分割成 8 等份。

❽ 每份底部墊一張包子紙，整齊排放在蒸盤上。

❾ 進行第二次發酵 60 ～ 90 分鐘（冬天要 90 分鐘），麵團切面有膨脹起代表二次發酵成功。

❿ 蒸饅頭前先把蒸籠的水燒開，蒸蓋包裹棉布，架上蒸盤，蓋上蒸蓋，但微留縫隙。

⓫ 先以大火蒸 15 分鐘，再轉最小火蒸 5 分鐘，關火，用筷子輕觸饅頭確認熟度。

⓬ 把蒸盤稍微傾斜續燜約 15 分鐘，再移開蒸盤。

Taro & Raisin Steamed Buns

芋香葡萄乾饅頭

喜愛芋頭香氣的人別錯過！
顆粒的咀嚼感讓人愈嚼愈有味

功能／葡萄乾麵包

材料	成品數量 6～8 個	成品數量 10～12 個
A		
中筋麵粉	240 克	320 克
低筋麵粉	60 克	80 克
水	165 克	220 克
細砂糖	30 克	40 克
植物油	12 克	16 克
即溶酵母粉	2 克	3 克
B		
芋頭碎	60 克	80 克
葡萄乾	30 克	40 克

做法

（可參照 p.77 的詳細步驟）

❶ 細砂糖加入水中攪拌溶化，放入冰箱冷藏備用。

❷ 攪拌缸內的葉片放置妥當，將材料 A 倒入攪拌缸內，蓋上機體上蓋。

❸ 依照機種指示完成按鍵選項，按下「開始」鍵，機體會在適當的時間發出「嗶嗶」提示聲，這時開啟上蓋加入材料 B，蓋上機體上蓋會自動繼續攪拌，直到麵包機結束攪拌（沒有聲響了），按下「取消或停止」鍵。

❹ 取出麵團輕輕搓揉，使麵團表面光滑，蓋上保鮮膜靜置 15 分鐘。

❺ 在工作檯上撒薄薄的手粉（高筋麵粉，材料量以外），將麵團用擀麵棍擀成薄片，分割成 6～8 等份。

❻ 每份底部墊一張包子紙，整齊排放在蒸盤上。

❼ 進行第二次發酵 60～90 分鐘（冬天要 90 分鐘），麵團切面有膨脹起代表二次發酵成功。

❽ 蒸饅頭前先把蒸籠的水燒開，蒸蓋包裹棉布，架上蒸盤，蓋上蒸蓋，但微留縫隙。

❾ 先以大火蒸 15 分鐘，再轉最小火蒸 5 分鐘，關火，用筷子輕觸饅頭確認熟度。

❿ 把蒸盤稍微傾斜續燜約 15 分鐘，再移開蒸盤。

MEMO

1. 葡萄乾使用前要先浸泡溫水，約 10 分鐘之後取出擰乾備用。

2. 芋頭碎做法：將大約 300 克新鮮去皮的芋頭，切小塊後放入電鍋，外鍋倒入 1 杯水蒸熟，煮好時趁熱取出略壓碎，等完全降溫後放入冰箱冷藏備用。

Anka & Cheese Steamed Buns
紅麴起司饅頭

中西式食材新組合，意想不到的美味

MEMO

1. 這裡用的起司條是在一般百貨超市都買得到的條狀起司，屬於再製起司，融點高，不易融化。市售起司條的長度不一，視各品牌而定，可自行斟酌選用。

2. 紅麴粉可以在有機超市選購，或是向五穀雜糧行詢問。

3. 配方中的鮮奶可以改成水，或是無糖豆漿。

材料	成品數量 6～8個	成品數量 10～12個
A		
中筋麵粉	240 克	320 克
低筋麵粉	60 克	80 克
鮮奶	100 克	140 克
水	65 克	80 克
細砂糖	45 克	60 克
植物油	12 克	16 克
紅麴粉	6 克	8 克
即溶酵母粉	2 克	3 克
B		
起司條	3 條	5 條

做法

（可參照 p.77 的詳細步驟）

❶ 細砂糖和水、鮮奶攪拌均勻，放入冰箱冷藏備用。

❷ 攪拌缸內的葉片放置妥當，將材料 A 倒入攪拌缸內，蓋上機體上蓋。

❸ 依照機種指示完成按鍵選項，按下「開始」鍵，機器開始揉製麵團，直到麵包機結束攪拌（沒有聲響了），按下「取消或停止」鍵。

❹ 取出麵團輕輕搓揉，使麵團表面光滑，蓋上保鮮膜靜置15分鐘。

❺ 在工作檯上撒薄薄的手粉（高筋麵粉，材料量以外），將麵團用擀麵棍擀開。

❻ 將麵團收口朝上，左右兩邊向中間折入，擀開，然後第二次折入，擀開，再第三次折入，擀開。

❼ 在麵團表面塗薄薄的水。

❽ 麵皮緊緊捲起，再稍微搓揉變長。

❾ 將麵團切分成 6（或 10）等份。

❿ 將麵團切口朝上後擀平，每片包入 1/2 條起司。

⓫ 將麵團包好，收口捏緊。

⓬ 每份底部墊一張包子紙，整齊排放在蒸盤上。

⓭ 進行第二次發酵 60 ～ 90 分鐘（冬天要 90 分鐘），麵團切面有膨脹起代表二次發酵成功。

⓮ 蒸饅頭前先把蒸籠的水燒開，蒸蓋包裹棉布，架上蒸盤，蓋上蒸蓋，但微留縫隙。

⓯ 先以大火蒸 15 分鐘，再轉最小火蒸 5 分鐘，關火，用筷子輕觸饅頭確認熟度。

⓰ 把蒸盤稍微傾斜續燜約 15 分鐘，再移開蒸盤。

High Fiber Nuts Steamed Buns

高纖堅果饅頭

綜合堅果的芳香與天然油脂，營養百分百令人滿足

MEMO

1. 綜合堅果內的椰棗要去籽、切小塊，也可以改用葡萄乾、蔓越莓或其他曬乾的果實來替代。

2. 讀者也可以在麵團攪拌到 10 分鐘之後，直接把堅果放入攪拌缸內攪拌成團，但是要注意因為堅果表面銳利，怕刮傷內缸塗料的話，建議如上面的操作方法，取出麵團再加入堅果，以手工揉製。

材料	成品數量 6～8 個	成品數量 10～12 個
A		
中筋麵粉	240 克	320 克
低筋麵粉	60 克	80 克
小蘇打粉	3 克	4 克
水	165 克	220 克
細砂糖	45 克	60 克
植物油	12 克	16 克
即溶酵母粉	2 克	3 克
B		
綜合堅果 (椰棗、南瓜籽、芝麻、亞麻籽、葵花籽、枸杞)	60 克	80 克

做法

（可參照 p.77 的詳細步驟）

❶ 細砂糖加入水中攪拌溶化，放入冰箱冷藏備用。

❷ 攪拌缸內的葉片放置妥當，將材料 A 倒入攪拌缸內，蓋上機體上蓋。

❸ 依照機種指示完成按鍵選項，按下「開始」鍵，機器開始揉製麵團，直到麵包機結束攪拌（沒有聲響了，按下「取消或停止」鍵。

❹ 取出麵團輕輕搓揉，使麵團表面光滑，蓋上保鮮膜靜置 15 分鐘。

❺ 在工作檯上撒薄薄的手粉（高筋麵粉，材料量以外），將麵團用擀麵棍擀成薄片，在麵團表面塗抹薄薄的水。

❻ 在麵團表面平均撒上材料 B。

❼ 將麵團捲起後再分割成 6 等份。

❽ 每份底部墊一張包子紙，整齊排放在蒸盤上。

❾ 進行第二次發酵 60～90 分鐘（冬天要 90 分鐘），麵團切面有膨脹起代表二次發酵成功。

❿ 蒸饅頭前先把蒸籠的水燒開，蒸蓋包裹棉布，架上蒸盤，蓋上蒸蓋，但微留縫隙。

⓫ 先以大火蒸 15 分鐘，再轉最小火蒸 5 分鐘，關火，用筷子輕觸饅頭確認熟度。

⓬ 把蒸盤稍微傾斜續燜約 15 分鐘，再移開蒸盤。

❺

❻

❼

❾

⓬

Green Onions
Steamed Buns

蔥花捲

清香蔥味、小巧的外型，記憶中的家鄉點心

功能／快速麵包或
披薩麵團

MEMO

蔥切細，與調味料拌勻備用，這裡用的蔥量可以隨個人喜好酌量增減，也可以混一些熟白芝麻粒增加香氣。餡料可以用自家炸的豬油來調味，香氣更明顯。

材料	成品數量 6～8 個	成品數量 10～12 個
A		
中筋麵粉	240 克	320 克
低筋麵粉	60 克	80 克
水	165 克	220 克
細砂糖	45 克	60 克
植物油	12 克	16 克
即溶酵母粉	2 克	3 克
B		
蔥花	50 克	75 克
鹽、胡椒粉	少許	同
植物油	適量	同

做法

（可參照 p.77 的詳細步驟）

❶ 細砂糖加入水中攪拌溶化，放入冰箱冷藏備用。

❷ 攪拌缸內的葉片放置妥當，將材料 A 倒入攪拌缸內，蓋上機體上蓋。

❸ 依照機種指示完成按鍵選項，按下「開始」鍵，機器開始揉製麵團，直到麵包機結束攪拌（沒有聲響了），按下「取消或停止」鍵。

❹ 取出麵團輕輕搓揉，使麵團表面光滑，蓋上保鮮膜靜置 15 分鐘。

❺ 在工作檯上撒薄薄的手粉（高筋麵粉，材料量以外），將麵團收口朝上，用擀麵棍擀開。

❻ 將麵團左右兩邊向中間折入，擀開，然後第二次折入，擀開，再第三次折入，擀開。

❼ 用刷毛在麵團表面塗抹薄薄的植物油，撒上混合好的材料 B。

❽ 麵團折起再用切麵刀切割成條狀，每條麵皮略拉長再打結，收口捏緊朝下。

❾ 每份底部墊一張包子紙，整齊排放在蒸盤上，進行第二次發酵 60～90 分鐘（冬天要 90 分鐘）。

❿ 蒸饅頭前先把蒸籠的水燒開，蒸蓋包裹棉布，架上蒸盤，蓋上蒸蓋，但微留縫隙。

⓫ 先以大火蒸 15 分鐘，再轉最小火蒸 5 分鐘，關火，用筷子輕觸蔥花捲確認熟度。

⓬ 把蒸盤稍微傾斜續燜約 15 分鐘，再移開蒸盤。

Sesame
Chinese Steamed Buns

芝麻包

芝麻的高雅香氣，入口化成了香甜綿密

功能／快速麵包或
披薩麵團

材料	成品數量 9～10個	成品數量 12～13個
A		
中筋麵粉	240 克	320 克
低筋麵粉	60 克	80 克
水	165 克	220 克
細砂糖	45 克	60 克
植物油	12 克	16 克
即溶酵母粉	2 克	3 克
B		
芝麻醬	120 克	150 克

做法

（可參照 p.77 的詳細步驟）

❶ 細砂糖加入水中攪拌溶化，放入冰箱冷藏備用。

❷ 攪拌缸內的葉片放置妥當，將材料 A 倒入攪拌缸內，蓋上機體上蓋。

❸ 依照機種指示完成按鍵選項，按下「開始」鍵，機器開始揉製麵團，直到麵包機結束攪拌（沒有聲響了），按下「取消或停止」鍵。

❹ 取出麵團輕輕搓揉，使麵團表面光滑，蓋上保鮮膜靜置 15 分鐘。

❺ 在工作檯上撒薄薄的手粉（高筋麵粉，材料量以外），將麵團

分割成每個 50 克，搓圓。

❻ 麵團擀平，包入約 15 克芝麻醬。

❼ 將芝麻醬包好，收口捏緊。

❽ 每份底部墊一張包子紙，整齊排放在蒸盤上，進行第二次發酵 60～90 分鐘（冬天要 90 分鐘）。

❾ 蒸包子前先把蒸籠的水燒開，蒸蓋包裹棉布，架上蒸盤，蓋上蒸蓋，但微留縫隙。

❿ 先以大火蒸 15 分鐘，再轉最小火蒸 5 分鐘，關火，用筷子輕觸包子確認熟度。

⓫ 把蒸盤稍微傾斜續燜約 15 分鐘，再移開蒸盤。

❺

❻

❼

❽

⓫

MEMO

這裡使用的芝麻醬是可以當作抹醬的市售產品，如果抹醬太軟，可以自行添加市售的黑芝麻粉來調整軟硬度。

Cheese & Raisin Scone
起司葡萄乾司康
熱熱地吃或放涼沾裹抹醬，下午茶或早午餐的最佳選擇

功能／快速麵包或
　　　披薩麵團
烤箱溫度／180℃
烘烤時間／15 ～ 18 分鐘

材料	成品數量約 8 個
A	
高筋麵粉	210 克
低筋麵粉	90 克
糖粉	75 克
泡打粉	6 克
B	
無鹽奶油	65 克
鮮奶	150 克
葡萄乾	45 克
高融點起司	45 克
C	
蛋液	適量

做法

❶ 材料全部都測量好。

❷ 將材料 A 混合過篩。

❸ 將材料 A 倒入攪拌缸內，加入奶油、鮮奶，蓋上機體上蓋。

❹ 依照機種指示完成按鍵選項，按下「開始」鍵，機器開始揉製麵團，直到材料成團，按下「取消或停止」鍵（這個過程約需 5 分鐘）。

❺ 加入葡萄乾、起司，再次選擇快速行程，按下「開始」鍵，開始攪拌直到材料均勻分佈麵團，按下「取消或停止」鍵。

❻ 在工作檯上撒薄薄的手粉（高筋麵粉，材料量以外），將麵團擀成約 1.5 公分厚，蓋上保鮮膜靜置 10 分鐘。

❼ 麵團靜置時，烤箱以 180℃ 開始預熱，烤盤鋪好烘焙紙。塗抹用的蛋液打勻。

❽ 用空心圓形壓模把麵團壓成一個個圓形。

❾ 將圓麵團整齊排列烤盤上，表面薄塗材料 C，放入已預熱達 180℃ 的烤箱中烘烤 15 ～ 18 分鐘。

❿ 取出放在網架上待涼。

MEMO

1. 奶油必須是低溫狀態，也就是可以切成小塊的硬度；鮮奶也必須是低溫狀態。

2. 葡萄乾先浸泡在溫水中 10 分鐘，取出擰乾備用，或是浸泡在蘭姆酒內，更增加香氣。

3. 如果沒有糖粉，可以臨時改用細砂糖，但是要先與鮮奶混合攪拌溶化，或是將細砂糖放入研磨機打細。

Coriander & Tomato Scone
香菜蕃茄司康

蕃茄與香草十分契合，直接吃或搭配抹醬都可口

功能／快速麵包或
　　　披薩麵團
烤箱溫度／180℃
烘烤時間／15 ～ 18 分鐘

材料	成品數量約 8 個
A	
高筋麵粉	210 克
低筋麵粉	90 克
鹽	1/2 小匙
糖粉	55 克
泡打粉	12 克
B	
無鹽奶油	65 克
鮮奶	150 克
蕃茄乾	45 克
帕瑪森起司粉	15 克
乾燥香菜末	1 大匙
C	
塗抹用蛋液	適量

做法

1. 材料全部都測量好。
2. 將材料 A 混合過篩。
3. 將材料 A 倒入攪拌缸內，加入奶油、鮮奶，蓋上機體上蓋。
4. 依照機種指示完成按鍵選項，按下「開始」鍵，機器開始揉製麵團，直到材料成團，按下「取消或停止」鍵（這個過程約需 5 分鐘）。
5. 加入蕃茄乾、起司粉和香菜末，再次選擇快速行程，按下「開始」鍵，開始攪拌直到材料均勻分佈麵團，按下「取消或停止」鍵。
6. 在工作檯上撒薄薄的手粉（高筋麵粉，材料量以外），將麵團擀成約 1.5 公分厚，蓋上保鮮膜靜置 10 分鐘。
7. 麵團靜置時，烤箱以 180℃ 開始預熱，烤盤鋪好烘焙紙。塗抹用的蛋液打勻。
8. 用空心圓形壓模把麵團壓成一個個圓形。
9. 將圓麵團整齊排列烤盤上，表面薄塗材料 C，放入已預熱達 180℃ 的烤箱中烘烤 15 ～ 18 分鐘。
10. 取出放在網架上待涼。

MEMO

如果沒有蕃茄乾，也可以改用黑橄欖、乾辣椒或玉米粒，口感更特殊。蕃茄乾使用前要浸泡溫水軟化 10 分鐘，取出擰乾後切小丁。

Brandy Chocolate Cookies
白蘭地巧克力餅乾
巧克力與白蘭地的完美結合，讓這款餅乾人氣迅速攀升

功能／快速麵包或
蛋糕
烤箱溫度／170℃
烘烤時間／15～18分鐘

材料	成品數量 約8個
A	
無鹽奶油	75 克
水滴型 巧克力豆	35 克
白蘭地酒	1 大匙
雞蛋	1 顆
B	
低筋麵粉	145 克
無糖可可 粉	12 克
糖粉	75 克
小蘇打粉	1/4 小匙
肉桂粉	1/2 小匙

做法
❶ 材料全部都測量好。

❷ 材料 B 混合過篩，倒入攪拌缸內。

❸ 將材料 A 倒入攪拌缸內，蓋上機體上蓋。

❹ 依照機種指示完成按鍵選項，按下「開始」
鍵，機器開始揉製麵團，直到材料成團，按
下「取消或停止」鍵（這個過程約需5分鐘）。

❺ 取出麵團，分割成每個 30 克的小麵團，搓
圓，整齊排列在鋪好烘焙紙的烤盤上。

❻ 將烤盤放入已預熱達 170℃ 的烤箱中烘烤
15～18 分鐘，取出放在網架上待涼。

MEMO

1. 麵粉的量決定了餅乾的口感，這個配方提供的麵粉量製作出來的餅乾口感酥鬆，介於蛋糕
和餅乾之間。如果把麵粉的重量增加至 180 克，則製作完成的餅乾口感會比較硬脆。

2. 餅乾需放在密封的罐子中，置於陰涼處常溫保存，如果想要封口單獨包裝，可加放一包乾
燥劑，確保不會潮濕軟化。

Banana Cake
香蕉蛋糕
簡單又好吃的配方，新手成功率百分之百

功能／快速麵包或
蛋糕
烤箱溫度／160℃
烘烤時間／45 ～ 55 分鐘

材料	成品總重約 700 克
A	
高筋麵粉	200 克
泡打粉	6 克
小蘇打粉	2 克
B	
無鹽奶油	200 克
細砂糖	100 克
黑糖粉	60 克
鹽	2 克
蛋液	100 克
香蕉泥	100 克
C	
杏仁片	60 克

做法

❶ 材料全部都測量好。

❷ 材料 A 混合過篩，倒入攪拌缸內。材料 B 中的奶油切小塊後放入。

❸ 依照機種指示完成按鍵選項，按下「開始」鍵，機器開始揉製麵團，直到材料鬆發（這個過程約需 10 分鐘）。

❹ 加入細砂糖、黑糖粉和鹽加入攪拌，再慢慢加入打散的蛋液。

❺ 接著加入香蕉泥，直到機體完成攪拌，按下「取消或停止」鍵，完成麵糊（這個過程需控制在 5 分鐘內完成）。

❻ 將攪拌好的麵糊倒入模型裡，表面平均地撒上材料 C。

❼ 放入已預熱達 160℃ 的烤箱中烘烤 45 ～ 55 分鐘，取出放在網架上待涼，切片食用。

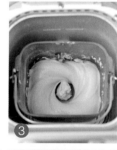

MEMO　拍照時我選擇了焗烤盤來裝填麵糊並烘烤，焗烤盤的厚度比一般蛋糕模型來得厚，所以烘烤時間偏長。如果讀者想要放在麵包機裡面烘烤，必須先將打好的麵糊取出，把麵包機清理乾淨，取出葉片並且於攪拌缸內四周鋪上烘焙紙，最重要的是不論是 750 克或 500 克容量的機種，這個配方都得分成 2 次烘烤，以免蛋糕膨脹，溢出攪拌缸，烘烤時間設定為 35 分鐘。

Pizza Margarita
瑪格麗特披薩

世上第一款放上起司烘烤的披薩，口味經典！

功能／披薩麵團
烤箱溫度／200℃
烘烤時間／15 ～ 20 分鐘

MEMO

1. 先處理食材：由水牛的奶製成的莫札瑞拉起司，質感最柔軟、味道最濃郁，屬於上選。九層塔或羅勒只取葉子的部分，可切絲或保留整片。披薩茄醬做法參照 p.99，當然購買市售成品也可以。

2. 這裡使用的莫札瑞拉起司（mozzarella）並非放在鹽水中販售的新鮮軟質起司，而是質地較硬，在義大利以外地區有販售的，也被稱為「Pizza Cheese」。

材料	成品數量 6吋2片或 8吋1片
A	
高筋麵粉	300 克
水	180 克
鹽	3 克
橄欖油	9 克
即溶酵母粉	3 克
B	
披薩茄醬	100 克
莫札瑞拉起司	100 克
九層塔或羅勒	1 束

做法

❶ 攪拌缸內的葉片放置妥當，將材料 A 倒入攪拌缸內，蓋上機體上蓋。

❷ 依照機種指示完成按鍵選項，按下「開始」鍵，機器開始揉製麵團，直到材料成團，按下「取消或停止」鍵（大約需要 45 分鐘）。

❸ 莫札瑞拉起司切薄片。

❹ 取出麵團輕輕搓揉，使麵團表面光滑，蓋上保鮮膜靜置 10 分鐘。

❺ 在工作檯上撒薄薄的手粉（高筋麵粉，材料量以外），將麵團用擀麵棍擀成薄片。

❻ 將麵團放在烘焙紙上，表面塗抹 2 大匙披薩茄醬。

❼ 鋪上起司，進行第二次發酵約 40 分鐘。

❽ 將麵團放入已預熱達 200℃的烤箱中烘烤 15 ～ 20 分鐘，取出放在網架上待涼，切成數片，撒上九層塔葉即可享用。

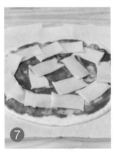

Super Pizza Sauce
萬用披薩茄醬

可以搭配所有鹹口味的披薩，健康又好吃！

材料	成品總重 約 900 克
A	
新鮮蕃茄	400 克
蕃茄糊	200 克
洋蔥丁	150 克
大蒜	5 ～ 6 瓣
橄欖油	1 大匙
B	
蕃茄汁	150 克
紅酒	50 克
月桂葉	2 片
綜合義大利香料	1/2 小匙
肉桂粉	1/4 小匙
C	
鹽、黑胡椒粉	適量

做法

❶ 在新鮮蕃茄的底部淺劃十字刻痕，放入滾水中燙 2 分鐘，取出浸泡冰水，剝去外皮，然後放入果汁機中。

❷ 鍋燒熱，倒入橄欖油，等油熱了放入洋蔥丁、大蒜炒至呈淺褐色，關火，也倒入做法❶的果汁機中。

❸ 將蕃茄糊也倒入果汁機，攪打成泥，然後倒回鍋中，以中火慢炒，當開始沸騰的時候加入材料 B 繼續炒，炒到收汁，最後加入材料 C 調味，關火，披薩茄醬完成囉！

❹ 等披薩茄醬放涼之後即可分裝在夾鏈袋內，放入冰箱冷凍保存，或是直接使用。

Hot Dog & Cheese Pizza
德式熱狗起司披薩

熱狗、香腸、火腿，永遠是最受喜愛的披薩餡料

功能／披薩麵團
烤箱溫度／200℃
烘烤時間／15 ～ 20 分鐘

材料	成品數量 6 吋 2 片或 8 吋 1 片
A	
高筋麵粉	300 克
水	180 克
鹽	3 克
橄欖油	9 克
即溶酵母粉	3 克
B	
披薩茄醬	100 克
披薩起司	75 克
德式熱狗	60 克
洋蔥絲	35 克

做法

（可參照 p.99 的詳細步驟）

❶ 拌缸內的葉片放置妥當，將材料 A 倒入攪拌缸內，蓋上機體上蓋。

❷ 依照機種指示完成按鍵選項，按下「開始」鍵，機器開始揉製麵團，直到材料成團，按下「取消或停止」鍵（大約需要 45 分鐘）。

❸ 取出麵團分成 2 等份，輕輕搓揉，使麵團表面光滑，蓋上保鮮膜靜置 10 分鐘。

❹ 在工作檯上撒薄薄的手粉（高筋麵粉，材料量以外），將麵團用擀麵棍擀成薄片。

❺ 將麵團放在烘焙紙上，表面塗抹 2 大匙披薩茄醬。

❻ 接著均勻地鋪上起司、熱狗和洋蔥絲，進行第二次發酵約 40 分鐘。

❼ 將麵團放入已預熱達 200℃ 的烤箱中烘烤 15 ～ 20 分鐘，取出放在網架上待涼，切成數片即可享用。

1. 先處理材料：熱狗汆燙後斜切薄片。

2. 披薩起司指的是硬質偏軟的起司，水分較少，適合刨成絲狀，而且遇高溫會融化，形成超好吃的「牽絲」狀態，台灣市場上最常使用的披薩起司分別有：莫札瑞拉起司、傑克（Mmontery Jack）、巧達（cheddar）、葛瑞爾（gruyer）和愛曼塔（emmental）。

Chocolate Nuts Pizza
巧克力堅果披薩

堅果搭配甜蜜的巧克力醬，滋味美妙！

功能／披薩麵團
烤箱溫度／200℃
烘烤時間／15～20 分鐘

材料	成品數量 6吋2片或 8吋1片
A	
高筋麵粉	300 克
水	180 克
鹽	3 克
橄欖油	9 克
即溶酵母粉	3 克
B	
核桃	20 克
耐烤 巧克力豆	25 克
杏仁條	40 克
巧克力醬	3 大匙

做法

（可參照 p.99 的詳細步驟）

① 攪拌缸內的葉片放置妥當，將材料 A 倒入攪拌缸內，蓋上機體上蓋。

② 依照機種指示完成按鍵選項，按下「開始」鍵，機器開始揉製麵團，直到材料成團，按下「取消或停止」鍵。

③ 取出麵團分成 2 等份，輕輕搓揉，使麵團表面光滑，蓋上保鮮膜靜置 10 分鐘。

④ 在工作檯上撒薄薄的手粉（高筋麵粉，材料量以外），將麵團用擀麵棍擀成薄片。甜口味的披薩麵團必須擀得更薄。

⑤ 核桃剝成小塊，與杏仁條、巧克力豆平均鋪撒在麵團上。

⑥ 將麵團放入已預熱達200℃的烤箱中烘烤15～20分鐘，取出披薩淋上巧克力醬即可享用。

⑤

Egg Noodles
雞蛋麵條

原汁原味，吃得安心！

功能／快速麵包或
披薩麵團

材料	成品總重約 450 克	成品總重約 600 克
中筋麵粉	300 克	400 克
全蛋	150 克	200 克
鹽	3 克	4 克

做法

❶ 攪拌缸內的葉片放置妥當，將所有材料倒入攪拌缸內，蓋上機體上蓋。

❷ 依照機種指示完成按鍵選項，按下「開始」鍵，機器開始揉製麵團，直到麵包機結束攪拌（沒有聲響了），按下「取消或停止」鍵。

❸ 取出麵團輕輕搓揉，使麵團表面光滑，蓋上保鮮膜靜置 10 分鐘。

❹ 在工作檯上撒薄薄的手粉（高筋麵粉，材料量以外），將麵團分成 3 等份，搓成長條狀。

❺ 搓成長條裝後擀平，兩邊向中間折入，再擀平。

❻ 重複折入與擀平的動作約 5、6 次，直到麵皮平整光滑，過程中要撒手粉操作，也可以藉由製麵機將最後的麵皮壓很平。

❼ 最後一次折入後將麵皮切成條狀，也可以藉由製麵機切比較省力和工整，完成雞蛋麵條。

MEMO

1. 麵條做好之後就可以立刻下鍋煮食，如果沒有馬上吃，務必撒上適量太白粉，立即放入冰箱冷凍。

2. 做法❻、❼中可以自己壓擀、切割麵皮，但若家中剛好有製麵機，用機器壓比較省力且工整。

Spinach Noodles
菠菜麵條

翠綠的顏色、新鮮的食材，口感更一級棒！

功能／快速麵包或
披薩麵團

材料	成品總重 約 450 克	成品總重 約 600 克
A		
新鮮菠菜	60 克	同
水	200 克	同
B		
中筋麵粉	300 克	400 克
菠菜汁	150 克	200 克
鹽	3 克	4 克

做法

（可參照 p.103 的詳細步驟）

❶ 製作菠菜汁：將新鮮菠菜切碎放入果汁機中，加水打勻後過濾。

❷ 攪拌缸內的葉片放置妥當，將材料 B 倒入攪拌缸內，蓋上機體上蓋。

❸ 依照機種指示完成按鍵選項，按下「開始」鍵，機器開始揉製麵團，直到麵包機結束攪拌（沒有聲響了），按下「取消或停止」鍵（大約需要 10 分鐘）。

❹ 取出麵團輕輕搓揉，使麵團表面光滑，蓋上保鮮膜靜置 10 分鐘。

❺ 在工作檯上撒薄薄的手粉（高筋麵粉，材料量以外），將麵團分成 3 等份。

❻ 將麵條搓成長條，擀平，兩邊向中間折入，再擀平。

❼ 重複折入與擀平的動作約 5、6 次，直到麵皮平整光滑，過程中要撒手粉操作，也可以藉由製麵機將最後的麵皮壓很平。

❽ 最後一次折入後將麵皮切成條狀，也可以藉由製麵機切比較省力和工整，完成菠菜麵條。

MEMO

1. 麵條做好之後就可以立刻下鍋煮食，如果沒有馬上吃，務必撒上適量太白粉，立即放入冰箱冷凍。此外，除了菠菜，也可以選用地瓜葉、青江菜或油菜等綠葉蔬菜來製作。

2. 菠菜汁若不過濾，會因為纖維過多而影響成團，這時要另外準備水，視情況添加，直到材料成團。

這個單元是以麵包店中歷久不衰的口味為主，而且都是你我從小到大常吃的。做法上都是利用麵包機攪拌成團後，再取出整型的麵包，進而烘烤完成，所以麵包機的機種、容量都不限定，只要能夠把麵團攪拌出筋即可。

點心店
最佳銷售口味麵包

Fried Triangle Bread
炸糖三角

古早味麵包，現做現吃最美味。

功能／快速麵包或
披薩麵團

MEMO

1. 炸麵包時發現油溫上升，應立即調整火力或是將炸鍋離火，讓油溫下降之後再繼續放入麵團油炸。

2. 炸糖三角是令人懷念的古早味麵包，屬於平價的街頭小吃，剛炸完的那一刻最好吃，裹上細砂糖之後不宜久放，建議現做現吃。

材料	成品數量 8～10 個	成品數量 12～14 個
A		
高筋麵粉	200 克	280 克
低筋麵粉	50 克	70 克
細砂糖	45 克	63 克
鹽	3 克	4 克
脫脂奶粉	15 克	21 克
水	115 克	161 克
雞蛋	25 克	35 克
B		
即溶酵母粉	3 克	4 克
C		
無鹽奶油	25 克	35 克
D		
油炸用油	適量	同
沾裹用 細砂糖	200 克	同

做法

❶ 攪拌缸內的葉片放置妥當，材料 A 倒入攪拌缸內，放入機器中。

❷ 蓋上機體上蓋，將材料 B 倒入酵母盒內。

❸ 依照機種指示完成按鍵選項，按下「開始」鍵，材料在麵包機內攪拌成團，這時準備一個計時器，設定「10 分鐘」，當計時器嗶嗶作響時，把材料 C 加入攪拌缸內，直到攪拌完成後，按下「取消或停止」鍵。

❹ 取出麵團放在工作檯上，雙手輕輕搓揉，讓麵團表面光滑。

❺ 取出攪拌缸內的葉片，麵團收口朝下放置在攪拌缸內，蓋上機體上蓋，進行第一次發酵 50 ～ 60 分鐘。

❻ 等第一次發酵完成後取出麵團，把麵團放在工作檯上，雙手輕輕搓揉擠出空氣，讓麵團體積恢復原本發酵前的大小，蓋上保鮮膜靜置 10 分鐘。

❼ 在工作檯上撒薄薄的手粉（高筋麵粉，材料量以外），將麵團收口朝下，用擀麵棍擀成約 0.5 公分厚。

❽ 將麵團切割成三角片狀。

❾ 將麵團蓋上保鮮膜，進行第二次發酵 40 分鐘。

❿ 等麵團完成第二次發酵（表面膨脹約 1.5 倍大），將適量的油炸用油倒入鍋中加熱，當加熱至竹筷子插入鍋底會出現密集的油泡時，分批放入麵團。

⓫ 當炸至表面呈金黃，瀝乾油分，裹上細紗糖，略降溫後立即食用。

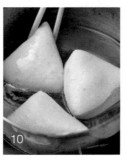

Butter Rolls
奶油餐包

濃郁的奶油香，搭配咖啡或紅茶，
早餐的最佳選擇。

功能／快速麵包或
　　　披薩麵團
烤箱溫度／180℃
烘烤時間／12 ～ 15 分鐘

材料	成品數量 約 10 個	成品數量 約 15 個
A		
高筋麵粉	200 克	280 克
低筋麵粉	50 克	70 克
細砂糖	45 克	63 克
鹽	3 克	4 克
脫脂奶粉	15 克	21 克
水	115 克	161 克
雞蛋	25 克	35 克
B		
即溶酵母粉	3 克	4 克
C		
無鹽奶油	25 克	35 克
D		
蛋液	適量	同
白芝麻粒	1 大匙	同

做法

❶ 攪拌缸內的葉片放置妥當,材料 A 倒入攪拌缸內,放入機器中。

❷ 蓋上機體上蓋,將材料 B 倒入酵母盒內。

❸ 依照機種指示完成按鍵選項,按下「開始」鍵,材料在麵包機內攪拌成團,這時準備一個計時器,設定「10 分鐘」,當計時器嗶嗶作響時,把材料 C 加入攪拌缸內,直到攪拌完成後,按下「取消或停止」鍵。

❹ 取出麵團放在工作檯上,雙手輕輕搓揉,讓麵團表面光滑。

❺ 取出攪拌缸內的葉片,麵團收口朝下放置在攪拌缸內,蓋上機體上蓋,進行第一次發酵 50 ～ 60 分鐘。

❻ 等第一次發酵完成後取出麵團,把麵團放在工作檯上,雙手輕輕搓揉擠出空氣,讓麵團體積恢復原本發酵前的大小,蓋上保鮮膜靜置 10 分鐘。

❼ 在工作檯上撒薄薄的手粉(高筋麵粉,材料量以外),將麵團分割成每個 40 克,搓圓,收口朝下整齊排列在工作檯上,蓋上保鮮膜靜置 10 分鐘。

❽ 將麵團搓成一端圓一端細的長水滴狀。

❾ 擀成一端寬一端窄的錐狀。

❿ 將麵團翻面捲起。

⓫ 麵團整型完成後整齊排列在鋪好烘焙紙的烤盤上,進行第二次發酵 60 分鐘。

⓬ 等二次發酵完成,在麵團表面薄塗蛋液,撒上白芝麻。

⓭ 放入已預熱達 180℃的烤箱中烘烤 12 ～ 15 分鐘,取出放在網架上待涼。

Hot Dog Rolls
熱狗餐包

麵包店中的人氣款，口感柔軟、熱狗香酥

功能／快速麵包或
　　　披薩麵團
烤箱溫度／180℃
烘烤時間／12～15分鐘

材料	成品數量 約8個	成品數量 約12個
A		
高筋麵粉	200 克	280 克
低筋麵粉	50 克	70 克
細砂糖	45 克	63 克
鹽	3 克	4 克
脫脂奶粉	15 克	21 克
水	115 克	161 克
雞蛋	25 克	35 克
B		
即溶酵母粉	3 克	4 克
C		
無鹽奶油	25 克	35 克
D		
熱狗	9 條	12 條
蛋液	適量	同
美乃滋	適量	同
海苔粉	適量	同

做法

1. 攪拌缸內的葉片放置妥當，材料 A 倒入攪拌缸內，放入機器中。
2. 蓋上機體上蓋，將材料 B 倒入酵母盒內。
3. 依照機種指示完成按鍵選項，按下「開始」鍵，材料在麵包機內攪拌成團，這時準備一個計時器，設定「10 分鐘」，當計時器嗶嗶作響時，把材料 C 加入攪拌缸內，直到攪拌完成後，按下「取消或停止」鍵。
4. 取出麵團放在工作檯上，雙手輕輕搓揉，讓麵團表面光滑。
5. 取出攪拌缸內的葉片，麵團收口朝下放置在攪拌缸內，蓋上機體上蓋，進行第一次發酵 50～60 分鐘。
6. 等第一次發酵完成後取出麵團，把麵團放在工作檯上，雙手輕輕搓揉擠出空氣，讓麵團體積恢復原本發酵前的大小，蓋上保鮮膜靜置 10 分鐘。
7. 在工作檯上撒薄薄的手粉（高筋麵粉，材料量以外），將麵團分割成每個 50 克，搓圓，收口朝下整齊排列在工作檯上，蓋上保鮮膜靜置 10 分鐘。
8. 將麵團擀平，然後麵團翻面，包住 1 條熱狗。
9. 將麵團整成一個圓長條型。
10. 麵團整型完成後，整齊排列在鋪好烘焙紙的烤盤上，在表面薄塗蛋液。
11. 擠上美乃滋、撒上海苔粉進行第二次發酵 60 分鐘。
12. 等第二次發酵完成，放入已預熱達 180℃的烤箱中烘烤 12～15 分鐘，取出放在網架上待涼。

MEMO　熱狗最好先汆燙，等降溫之後再包入麵團，才不會影響麵團發酵。

Brioche

布里歐麵包

和尚頭的可愛造型、奶香濃郁，
是一款具有濃濃法式風情的麵包。

功能／快速麵包或
　　　披薩麵團
烤箱溫度／180℃
烘烤時間／12～15分鐘

材料	成品數量 約7個	成品數量 約9個
A		
高筋麵粉	170 克	250 克
雞蛋	81 克	118 克
水	25 克	36 克
B		
即溶酵母粉	2 克	3 克
C		
高筋麵粉	80 克	100 克
細砂糖	49 克	72 克
鹽	3 克	5 克
鮮奶	49 克	60 克
無鹽奶油	41 克	60 克
D		
蛋液	適量	同

做法

❶ 攪拌缸內的葉片放置妥當，材料A 倒入攪拌缸內。

❷ 攪拌缸放入機器中，蓋上機體上蓋，將材料 B 倒入酵母盒內。

❸ 依照機種指示完成按鍵選項，按下「開始」鍵，材料在麵包機內攪拌成團，按下「取消或停止」鍵。

❹ 不插電也不預設功能鍵，蓋上機體上蓋，進行第一次發酵 2 小時，寒流時可將時間延長至 3 小時。

❺ 等第一次發酵完成後，將材料 C 倒入攪拌缸內，蓋上機體上蓋。

❻ 依照機種指示完成按鍵選項，按下「開始」鍵，材料在機內攪拌成團，按下「取消或停止」鍵。

❼ 取出麵團放在工作檯上，雙手輕輕搓揉，讓麵團表面光滑，蓋上保鮮膜靜置 20 分鐘。

❽ 在工作檯上撒薄薄的手粉（高筋麵粉，材料量以外），將麵團分割成 5 個 60 克，5 個 12 克，搓圓。

❾ 將大圓麵團中間搓一個洞。

❿ 將小圓麵團搓成有尾巴的蝌蚪狀，從上往下穿入大圓麵團的洞中。

⓫ 麵團整型完成後，整齊排列在鋪好烘焙紙的烤盤上，進行第二次發酵 60 分鐘。

⓬ 等第二次發酵完成，在表面薄塗材料 D。

⓭ 放入已預熱達 180℃的烤箱中烘烤 12 ～ 15 分鐘，取出放在網架上待涼。

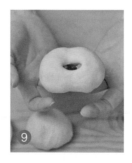

Green Onion Bread
蔥花起司麵包

台式傳統口味的麵包，是許多人心中永遠的最愛！

功能／葡萄乾麵包
烤箱溫度／180℃
烘烤時間／12～15分鐘

 除了蔥之外，也可以改用綠韭、羅勒，一樣美味。

材料	成品數量 約2個	成品數量 約3個
A		
高筋麵粉	200 克	280 克
低筋麵粉	50 克	70 克
細砂糖	45 克	63 克
鹽	3 克	4 克
脫脂奶粉	15 克	21 克
水	115 克	161 克
雞蛋	25 克	35 克
B		
即溶酵母粉	3 克	4 克
C		
蔥末	30 克	45 克
披薩起司	30 克	45 克
D		
無鹽奶油	25 克	35 克
E		
蛋液	適量	同
鹽、胡椒粉	適量	同
起司粉	適量	同
美乃滋	適量	同

做法

❶ 攪拌缸內的葉片放置妥當，材料 A 倒入攪拌缸內，放入機器中。

❷ 蓋上機體上蓋，將材料 B 倒入酵母盒內，材料 C 倒入乾料盒。

❸ 依照機種指示完成按鍵選項，按下「開始」鍵，材料在麵包機內攪拌成團，這時準備一個計時器，設定「10 分鐘」，當計時器嗶嗶作響時，把材料 D 加入攪拌缸內。蓋上機體上蓋，直到攪拌完成後，按下「取消或停止」鍵。

❹ 取出麵團放在工作檯上，雙手輕輕搓揉，讓麵團表面光滑。

❺ 取出攪拌缸內的葉片，麵團收口朝下放置在攪拌缸內，蓋上機體上蓋，進行第一次發酵 50 ～ 60 分鐘。

❻ 等第一次發酵完成後取出麵團，把麵團放在工作檯上，雙手輕輕搓揉擠出空氣，讓麵團體積恢復原本發酵前的大小，蓋上保鮮膜靜置 10 分鐘。

❼ 在工作檯上撒薄薄的手粉（高筋麵粉，材料量以外），將麵團分割成 2 等份，搓圓，收口朝下整齊排列在工作檯上，蓋上保鮮膜靜置 10 分鐘。

❽ 將麵團擀平，以手指背將麵團中間弄一點凹陷。

❾ 將麵團捲起成兩端細、中間胖的橄欖狀，收口捏緊。

❿ 麵團整型完成後，整齊排列在烘焙紙上，表面薄塗蛋液。

⓫ 撒上鹽、胡椒粉和起司粉，擠上美乃滋，進行第二次發酵 60 分鐘。

⓬ 等第二次發酵完成，放入已預熱達 180℃ 的烤箱中烘烤 12 ～ 15 分鐘，取出放在網架上待涼。

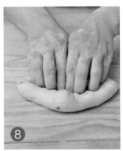

Baguette
法式棍子麵包

全世界最受歡迎的法國麵包，
外酥內軟，經典的風味。

功能／快速麵包或
披薩麵團
烤箱溫度／180℃
烘烤時間／15 ～ 18 分鐘

材料	成品數量 約3個	成品數量 約5個
A		
法國高筋麵粉	250 克	350 克
細砂糖	12 克	14 克
鹽	2 克	3 克
脫脂奶粉	12 克	14 克
水	150 克	210 克
B		
即溶酵母粉	3 克	4 克

做法

❶ 攪拌缸內的葉片放置妥當，材料 A 倒入攪拌缸內，放入機器中。

❷ 蓋上機體上蓋，將材料 B 倒入酵母盒內。

❸ 依照機種指示完成按鍵選項，按下「開始」鍵，機器開始揉製麵團，直到麵包機結束攪拌（沒有聲響了），按下「取消或停止」鍵。

❹ 取出麵團放在工作檯上，雙手輕輕搓揉，讓麵團表面光滑。

❺ 取出攪拌缸內的葉片，麵團收口朝下放置在攪拌缸內，蓋上機體上蓋，進行第一次發酵 50 ～ 60 分鐘。

❻ 等第一次發酵完成後取出麵團，把麵團放在工作檯上，雙手輕輕搓揉擠出空氣，讓麵團體積恢復原本發酵前的大小，蓋上保鮮膜靜置 10 分鐘。

❼ 在工作檯上撒薄薄的手粉（高筋麵粉，材料量以外），將麵團分割成每個 110 克，搓圓，收口朝下整齊排列在工作檯上，蓋上保鮮膜靜置 10 分鐘。

❽ 將麵團擀平後捲起。

❾ 將捲好的麵團搓成長條狀。

❿ 麵團整型完成後，整齊排列在鋪好烘焙紙的烤盤上，進行第二次發酵 60 分鐘。

⓫ 等第二次發酵完成，在麵團表面撒上薄薄的高筋麵粉（材料量以外），以小刀斜劃刻痕。

⓬ 放入已預熱達 180℃的烤箱中烘烤 15 ～ 18 分鐘，取出放在網架上待涼。

MEMO

由於一般家庭的烤箱比較小，無法烘焙出法式長棍麵包，所以我改成迷你版，相信你一定也會愛上它的風味。

Chocolate Almond Roll

杏仁巧克力麵包捲

濃滑巧克力醬與香脆杏仁片，
搭配鬆軟麵包，口感超升級！

功能／快速麵包或
　　　披薩麵團
烤箱溫度／180℃
烘烤時間／20 ～ 25 分鐘

材料	成品數量 約1個	成品數量 約2個
A		
高筋麵粉	200 克	280 克
低筋麵粉	50 克	70 克
細砂糖	45 克	63 克
鹽	3 克	4 克
脫脂奶粉	15 克	21 克
水	115 克	161 克
雞蛋	25 克	35 克
B		
即溶酵母粉	3 克	4 克
C		
無鹽奶油	25 克	35 克
D		
杏仁片	30 克	40 克
蛋液	適量	同
巧克力醬	適量	同

做法

❶ 攪拌缸內的葉片放置妥當，材料A倒入攪拌缸內，放入機器中。

❷ 蓋上機體上蓋，將材料B倒入酵母盒內。

❸ 依照機種指示完成按鍵選項，按下「開始」鍵，材料在麵包機內攪拌成團，這時準備一個計時器，設定「10分鐘」，當計時器嗶嗶作響時，把材料C加入攪拌缸內，直到攪拌完成後，按下「取消或停止」鍵。

❹ 取出麵團放在工作檯上，雙手輕輕搓揉，讓麵團表面光滑。

❺ 取出攪拌缸內的葉片，麵團收口朝下放置在攪拌缸內，蓋上機體上蓋，進行第一次發酵50～60分鐘。

❻ 等第一次發酵完成後取出麵團，把麵團放在工作檯上，雙手輕

輕搓揉擠出空氣，讓麵團體積恢復原本發酵前的大小，蓋上保鮮膜靜置10分鐘。

❼ 在工作檯上撒薄薄的手粉（高筋麵粉，材料量以外），將麵團擀成一大片，撒上杏仁片。

❽ 接著捲成長條狀。

❾ 麵團收口朝下，整齊排列在鋪好烘焙紙的烤盤上，進行第二次發酵60分鐘。

❿ 等第二次發酵完成，在表面薄塗蛋液，撒上杏仁片。

⓫ 放入已預熱達180℃的烤箱中烘烤20～25分鐘，取出放在網架上待涼，淋上巧克力醬。

MEMO

喜歡核桃的話可以改用核桃，建議包裹在麵團裡的核桃要先炒熱、切碎，撒在表面的核桃則不需熱過，但是一樣要剝碎。

Strawberry Jam Bread
草莓果醬麵包

香甜的自製草莓和鬆軟鮮奶油，
搭配烤得飽滿的麵包，吃一個還不過癮！

功能／快速麵包或
　　　披薩麵團
烤箱溫度／ 180℃
烘烤時間／ 12 ～ 15 分鐘

材料	成品數量 約 8 個	成品數量 約 10 個
A		
高筋麵粉	200 克	280 克
低筋麵粉	50 克	70 克
細砂糖	45 克	63 克
鹽	3 克	4 克
脫脂奶粉	15 克	21 克
水	100 克	155 克
冷凍或新鮮 草莓	40 克	55 克
B		
即溶酵母粉	3 克	4 克
C		
無鹽奶油	25 克	35 克
D		
蛋液	適量	同
草莓果醬	2 大匙	3 大匙
植物性 鮮奶油	100 克	150 克

做法

❶ 攪拌缸內的葉片放置妥當,材料 A 倒入攪拌缸內,放入機器中。

❷ 蓋上機體上蓋,將材料 B 倒入酵母盒內。

❸ 依照機種指示完成按鍵選項,按下「開始」鍵,材料在麵包機內攪拌成團,這時準備一個計時器,設定「10 分鐘」,當計時器嗶嗶作響時,把材料 C 加入攪拌缸內,直到攪拌完成後,按下「取消或停止」鍵。

❹ 取出麵團放在工作檯上,雙手輕輕搓揉,讓麵團表面光滑。

❺ 取出攪拌缸內的葉片,麵團收口朝下放置在攪拌缸內,蓋上機器上蓋,進行第一次發酵 50 ～ 60 分鐘。

❻ 等第一次發酵完成後取出麵團,把麵團放在工作檯上,雙手輕

輕搓揉擠出空氣,讓麵團體積恢復原本發酵前的大小,蓋上保鮮膜靜置 10 分鐘。

❼ 在工作檯上撒薄薄的手粉(高筋麵粉,材料量以外),將麵團分割成每個 60 克,搓圓,收口朝下整齊排列在工作檯上,蓋上保鮮膜靜置 10 分鐘。

❽ 將麵團擀平成橢圓狀,整齊排列在烘焙紙上,進行第二次發酵 60 分鐘。

❾ 等第二次發酵完成,在麵團表面塗抹蛋液。

❿ 放入已預熱達 180℃的烤箱中烘烤 12 ～ 15 分鐘,取出放在網架上待涼。

⓫ 將冷卻的麵包縱向切開不切斷。

⓬ 擠入打發的鮮奶油。

⓭ 塗抹草莓果醬即可。

Hamburger Bread
漢堡麵包

漢堡肉鮮嫩多汁，麵包鬆軟有彈性，
營養與口感一級棒！

功能／快速麵包或
　　　披薩麵團
烤箱溫度／180℃
烘烤時間／20～25 分鐘

材料	成品數量約6個	成品數量約8個
A		
高筋麵粉	200 克	280 克
低筋麵粉	50 克	70 克
細砂糖	45 克	63 克
鹽	3 克	4 克
脫脂奶粉	15 克	21 克
水	115 克	161 克
雞蛋	25 克	35 克
B		
即溶酵母粉	3 克	4 克
C		
無鹽奶油	25 克	35 克
D		
蕃茄醬	適量	同
生菜	適量	同
漢堡肉排	6 塊	同
起司片	6 片	同

做法

❶ 攪拌缸內的葉片放置妥當，材料 A 倒入攪拌缸內，放入機器中。

❷ 蓋上機體上蓋，將材料 B 倒入酵母盒內。

❸ 依照機種指示完成按鍵選項，按下「開始」鍵，材料在麵包機內攪拌成團，這時準備一個計時器，設定「10 分鐘」，當計時器嗶嗶作響時，把材料 C 加入攪拌缸內，直到攪拌完成後，按下「取消或停止」鍵。

❹ 取出麵團放在工作檯上，雙手輕輕搓揉，讓麵團表面光滑。

❺ 取出攪拌缸內的葉片，麵團收口朝下放置在攪拌缸內，蓋上機體上蓋，進行第一次發酵 50 ～ 60 分鐘。

❻ 等第一次發酵完成後取出麵團，把麵團放在工作檯上，雙手輕輕搓揉擠出空氣，讓麵團體積恢復原本發酵前的大小，蓋上保鮮膜靜置 10 分鐘。

❼ 在工作檯上撒薄薄的手粉（高筋麵粉，材料量以外），將麵團分割成每個 90 克，搓圓，收口朝下整齊排列在工作檯上，蓋上保鮮膜靜置 10 分鐘。

❽ 將麵團再次搓圓，收口朝下整齊排列在烤盤上，進行第二次發酵 60 分鐘。如果手邊有空心模，也可以把麵團放在模型內發酵，上面鋪防黏烘焙紙，再蓋上一個烤盤。

❾ 等第二次發酵完成，拿開烘焙紙和烤盤，放入已預熱達 180℃ 的烤箱中烘烤 20 ～ 25 分鐘，取出放在網架上待涼。

❿ 將冷卻的麵包橫向切對半。

⓫ 塗抹蕃茄醬。

⓬ 再依序排上生菜、肉排和起司片，放上另一半麵包即可享用。

Salad Bread
沙拉麵包

只有在家 DIY，才能獨享簡單樸實的美味

功能／快速麵包或
　　　披薩麵團
烤箱溫度／180℃
烘烤時間／12 ～ 15 分鐘

材料	成品數量 約6個	成品數量 約8個
A		
高筋麵粉	200 克	280 克
低筋麵粉	50 克	70 克
細砂糖	45 克	63 克
鹽	3 克	4 克
脫脂奶粉	15 克	21 克
水	115 克	161 克
雞蛋	25 克	35 克
B		
即溶酵母粉	3 克	4 克
C		
無鹽奶油	25 克	35 克
D		
蛋液	適量	同
E		
水煮 馬鈴薯丁	200 克	同
水煮 胡蘿蔔丁	50 克	同
水煮蛋	1 顆	同
美乃滋	30 克	同

做法

1. 攪拌缸內的葉片放置妥當，材料 A 倒入攪拌缸內，放入機器中。

2. 蓋上機體上蓋，將材料 B 倒入酵母盒內。

3. 依照機種指示完成按鍵選項，按下「開始」鍵，材料在麵包機內攪拌成團，這時準備一個計時器，設定「10 分鐘」，當計時器嗶嗶作響時，把材料 C 加入攪拌缸內，直到攪拌完成後，按下「取消或停止」鍵。

4. 取出麵團放在工作檯上，雙手輕輕搓揉，讓麵團表面光滑。

5. 取出攪拌缸內的葉片，麵團收口朝下放置在攪拌缸內，蓋上機體上蓋，進行第一次發酵 50 ～ 60 分鐘。

6. 等第一次發酵完成後取出麵團，把麵團放在工作檯上，雙手輕輕搓揉擠出空氣，讓麵團體積恢復原本發酵前的大小，蓋上保鮮膜靜置 10 分鐘。

7. 在工作檯上撒薄薄的手粉（高筋麵粉，材料量以外），將麵團分割成每個 70 克，搓圓，收口朝下整齊排列在工作檯上，蓋上保鮮膜靜置 10 分鐘。

8. 將麵團擀平，捲起。

9. 麵團搓成兩端細、中間胖的形狀，收口朝下整齊排列在烤盤上，進行第二次發酵 60 分鐘。

10. 製作沙拉餡：將馬鈴薯塊、胡蘿蔔丁、水煮蛋碎和美乃滋等拌勻，可隨喜好調味。

11. 等第二次發酵完成，在麵團表面塗抹材料 D，放入已預熱達 180℃ 的烤箱中烘烤 12 ～ 15 分鐘，取出放在網架上待涼。

12. 將冷卻的麵包橫向切開不切斷。

13. 夾入沙拉餡料即可享用。

8

9

12

13

Bacon Bread
培根麵包

造型有趣、方便手拿，
是大受歡迎的麵包款。

功能／快速麵包或
　　　披薩麵團
烤箱溫度／180℃
烘烤時間／12～15 分鐘

材料	成品數量 約6個	成品數量 約8個
A		
高筋麵粉	200 克	280 克
低筋麵粉	50 克	70 克
細砂糖	45 克	63 克
鹽	3 克	4 克
脫脂奶粉	15 克	21 克
水	115 克	161 克
雞蛋	25 克	35 克
B		
即溶酵母粉	3 克	4 克
C		
無鹽奶油	25 克	35 克
D		
培根	60 克	90 克

做法

① 攪拌缸內的葉片放置妥當，材料 A 倒入攪拌缸內，放入機器中。

② 蓋上機體上蓋，將材料 B 倒入酵母盒內。

③ 依照機種指示完成按鍵選項，按下「開始」鍵，材料在麵包機內攪拌成團，這時準備一個計時器，設定「10 分鐘」，當計時器嗶嗶作響時，把材料 C 加入攪拌缸內，直到攪拌完成後，按下「取消或停止」鍵。

④ 取出麵團放在工作檯上，雙手輕輕搓揉，讓麵團表面光滑。

⑤ 取出攪拌缸內的葉片，麵團收口朝下放置在攪拌缸內，蓋上機體上蓋，進行第一次發酵 50 ～ 60 分鐘。

⑥ 等第一次發酵完成後取出麵團，把麵團放在工作檯上，雙手輕輕搓揉擠出空氣，讓麵團體積恢復原本發酵前的大小，蓋上保鮮膜靜置 10 分鐘。

⑦ 在工作檯上撒薄薄的手粉（高筋麵粉，材料量以外），將麵團分割成每個 60 克，搓圓，收口朝下整齊排列在工作檯上，蓋上保鮮膜靜置 10 分鐘。

⑧ 將麵團擀平，拉長，然後包入材料 D。

⑨ 將左右兩邊的麵皮向中間折入。

⑩ 再縱向對折一次

⑪ 麵團收口朝下，整齊排列在鋪好烘焙紙的烤盤上，用剪刀從上往下一左一右地剪開麵團成數段開口，但是不剪斷，進行第二次發酵 60 分鐘。

⑫ 等第二次發酵完成，放入已預熱達 180℃ 的烤箱中烘烤 12 ～ 15 分鐘，取出放在網架上待涼。

Cinnamon Bagel
肉桂貝果

充滿嚼勁的貝果融合肉桂的芬芳，
是麵包的不敗組合。

功能／快速麵包或
　　　披薩麵團
烤箱溫度／180℃
烘烤時間／18 ～ 20 分鐘

材料	成品數量 約6個	成品數量 約8個
A		
高筋麵粉	250 克	350 克
肉桂粉	2 克	3 克
細砂糖	12 克	17 克
鹽	2 克	3 克
脫脂奶粉	12 克	17 克
水	150 克	210 克
B		
即溶酵母粉	2 克	3 克
C		
無鹽奶油	20 克	28 克
D		
水	1000 克	同
細砂糖	200 克	同
小麥胚芽	適量	同

做法

❶ 攪拌缸內的葉片放置妥當，材料 A 倒入攪拌缸內，放入機器中。

❷ 蓋上機體上蓋，將材料 B 倒入酵母盒內。

❸ 依照機種指示完成按鍵選項，按下「開始」鍵，材料在麵包機內攪拌成團，這時準備一個計時器，設定「10 分鐘」，當計時器嗶嗶作響時，把材料 C 加入攪拌缸內，直到攪拌完成後，按下「取消或停止」鍵。

❹ 取出麵團放在工作檯上，雙手輕輕搓揉，讓麵團表面光滑。

❺ 取出攪拌缸內的葉片，麵團收口朝下放置在攪拌缸內，蓋上機體上蓋，進行第一次發酵 30 分鐘。

❻ 等第一次發酵完成後取出麵團，把麵團放在工作檯上，雙手輕輕搓揉擠出空氣，讓麵團體積恢復原本發酵前的大小，蓋上保鮮膜靜置 10 分鐘。

❼ 在工作檯上撒薄薄的手粉（高筋麵粉，材料量以外），將麵團分割成 6 等份，蓋上保鮮膜鬆弛 10 分鐘。

❽ 將麵團擀平，捲成長條狀。

❾ 麵團稍微拉長。

❿ 將麵團兩端接口重疊，用力壓接口處黏合，放在包子紙上，整齊排列在烤盤上，進行第二次發酵 40 分鐘。

⓫ 水煮開，加入細砂糖攪拌溶化。

⓬ 將第二次發酵完的麵團放入滾水鍋中煮，兩面各煮 1 分鐘，然後把包子紙撕掉。

⓭ 撈起麵團瀝掉多餘水分，排放在烤盤上，表面撒上小麥胚芽，放入已預熱達 180℃ 的烤箱中烘烤 18 ～ 20 分鐘，取出放在網架上待涼。

⑧

⑨

⑩

11

12

Multigrain Focaccia
雜糧佛卡夏

喜愛義大利知名的佛卡夏的人絕不要錯過，
加入雜糧更有咀嚼感。

功能／快速麵包或
　　　披薩麵團
烤箱溫度／180℃
烘烤時間／20～24分鐘

材料	成品總重約 500 克	成品總重約 600 克
A		
高筋麵粉	270 克	360 克
雜糧預拌粉	30 克	40 克
水	180 克	240 克
鹽	2 克	3 克
橄欖油	12 克	16 克
B		
即溶酵母粉	3 克	4 克
C		
新鮮大蒜	3～4 瓣	5～6 瓣
無鹽奶油	15 克	20 克

做法

❶ 攪拌缸內的葉片放置妥當，材料 A 倒入攪拌缸內，放入機器中。

❷ 蓋上機體上蓋，將材料 B 倒入酵母盒內。

❸ 依照機種指示完成按鍵選項，按下「開始」鍵，機器開始揉製麵團，直到材料攪拌成團，按下「取消或停止」鍵。

❹ 取出麵團放在工作檯上，雙手輕輕搓揉，讓麵團表面光滑。

❺ 取出攪拌缸內的葉片，麵團收口朝下放置在攪拌缸內，蓋上機體上蓋，進行第一次發酵 60 分鐘。

❻ 製作蒜香奶油：大蒜去膜剁碎，奶油放入攪拌盆軟化，加入大蒜拌勻即可。

❼ 等第一次發酵完成後取出麵團，把麵團放在工作檯上，雙手輕輕搓揉擠出空氣，讓麵團體積恢復原本發酵前的大小。

❽ 將麵團擀平，尺寸需與烤盤相等。

❾ 將麵團放在鋪好烘焙紙的烤盤上，蓋上保鮮膜進行第二次發酵 50 分鐘。

❿ 等第二次發酵完成，烘烤前，用手指在麵團表面戳出數個小洞。

⓫ 抹上香蒜奶油。

⓬ 放入已預熱完成的烤箱中，以 180℃ 烘烤 20～24 分鐘，取出放在網架上待涼。

MEMO

佛卡夏誕生於義大利北部的熱納亞地區，與聞名世界的披薩有異曲同工之妙。它是一款可以單獨品嘗，也可以把麵包橫切一半，夾入生菜、肉片與醬料一起吃的麵包，非常實用且美味。

Fougasse
香料弗卡司

來自普羅旺斯的傳統麵包，又叫面具麵包，
是小麥與香料的完美結合。

功能／快速麵包或
　　　披薩麵團
烤箱溫度／180℃
烘烤時間／15～18 分鐘

材料	成品數量 約2個	成品數量 約3個
A		
高筋麵粉	300 克	400 克
水	180 克	240 克
鹽	2 克	3 克
橄欖油	12 克	16 克
義大利綜合 香料	1 小匙	2 小匙
B		
即溶酵母粉	3 克	4 克

做法

❶ 攪拌缸內的葉片放置妥當,材料 A 倒入攪拌缸內,放入機器中。

❷ 蓋上機體上蓋,將材料 B 倒入酵母盒內。

❸ 依照機種指示完成按鍵選項,按下「開始」鍵,機器開始揉製麵團,直到材料攪拌成團,按下「取消或停止」鍵。

❹ 取出麵團放在工作檯上,雙手輕輕搓揉,讓麵團表面光滑。

❺ 取出攪拌缸內的葉片,麵團收口朝下放置在攪拌缸內,蓋上機體上蓋,進行第一次發酵 40 分鐘。

❻ 等第一次發酵完成後取出麵團,把麵團放在工作檯上,雙手輕輕搓揉擠出空氣,讓麵團體積恢復原本發酵前的大小。

❼ 將麵團分割成 2 等份,蓋上保鮮膜靜置 10 分鐘。

❽ 將麵團擀平,尺寸需與烤盤相等。放在鋪好烘焙紙的烤盤上,用切麵刀劃出 6 個開口。

❾ 用手將劃的開口撐大,蓋上保鮮膜進行第二次發酵 30 ～ 40 分鐘。

❿ 將麵團放入已預熱達 180℃的烤箱中烘烤 15 ～ 18 分鐘,取出放在網架上待涼。

❽

❾

MEMO

據說弗卡司這款麵包源自於法國南部普羅旺斯一帶,但不知為何卻演變成義大利的招牌麵包。有人說麵包特殊的洞洞造型,是為了將麵包掛在車把手方便攜帶,也有利於趕路的人邊騎車邊用餐。

麵包機＋中種發酵法，
我的吐司更柔軟

[什麼是中種發酵法？直接發酵法？]

製作麵包的方法很多，在這本麵包機食譜中，我特別收錄了一種在國內外烘焙界普遍使用的「中種發酵法」（Sponge-Dough Method）。本書介紹的麵包做法，大部分都是「直接發酵法」（Straight-Dough Method），僅有少部分的食譜使用到「中種發酵法」。我非常推薦大家嘗試用「中種發酵法」來製作吐司，這是因為相對於造型麵包，一般人似乎對吐司的要求最高，例如：切面質感要有均勻漂亮的孔洞，口感要柔軟有彈性，香氣一定要足。光是這幾個要求，就不是業餘的我們光是用直接發酵法，就能在家輕鬆完成的。所以，為了克服這個難題，經過我多次的測試和試吃，發現如果以「麵包機＋中種發酵法」來做，很容易就能達成目的了。

中種發酵法，簡稱中種法，製作的時間要比直接發酵法（簡稱直接法）多一點，卻能大大提升吐司的質感、口感和觸感。一般來說，中種麵團只有麵粉、水和酵母，但是如果配方內的糖含量高，也可以在中種內放入約 70％的糖，但是記得不可放入「鹽」，鹽是含在主麵團內的材料。

中種發酵法的關鍵就在於讓麵粉產生「自我水解」，透過水與酵母混合後的化學變化，麵粉自我水解，在不受外力干擾的狀態下，靜置發酵 2 ～ 4 小時。這樣做出來的麵包，彈性良好，組織細密柔軟，香氣十足，特別適合高標準的吐司。

[黑豆漿吐司＆牛奶吐司的實例]

在 p.137 中舉「黑豆漿吐司」、「牛奶吐司」2 個實例，來介紹中種發酵法的製作方法，比較一下「直接發酵法」和「中種發酵法」配方和做法上的差異，在家自行操作看看吧！

實例 1　黑豆漿吐司

使用<u>液體油</u>，以<u>直接發酵法</u>的配方製作的話：

功能／一般麵包
烤色／中等

材料	成品總重 約 400 克	成品總重 約 600 克
A		
高筋麵粉	250 克	350 克
細砂糖	20 克	28 克
鹽	5 克	7 克
無糖生黑豆漿	150 克	210 克
植物油	24 克	28 克
B		
即溶酵母粉	3 克	4 克

做法

❶ 材料精準測量好，將葉片放置妥當。

❷ 將材料 A 倒入攪拌缸內。

❸ 攪拌缸放入機器中，蓋上機體上蓋，將材料 B
倒入酵母盒內（如果機種沒有酵母盒，那酵
母粉和所有材料一起倒入即可）。

❹ 依照機種指示完成按鍵選項，按下「開始」鍵。

❺ 吐司烘烤完成。

❻ 取出完成的吐司放在網架上冷卻。

使用<u>液體油</u>，以<u>中種發酵法</u>的配方製作的話：

功能／先用快速麵包，再烘焙
烤色／中等

材料	成品總重 約 400 克	成品總重 約 600 克
A		
高筋麵粉	175 克	245 克
無糖生黑豆漿	105 克	147 克
B		
即溶酵母粉	3 克	4 克
C		
高筋麵粉	75 克	105 克
細砂糖	20 克	28 克
鹽	5 克	7 克
無糖生黑豆漿	45 克	63 克
沙拉油	20 克	28 克

做法

❶ 攪拌缸內的葉片放置妥當，材料 A 倒入攪拌缸內，放入機器中。

❷ 蓋上機體上蓋，將材料 B 倒入酵母盒內（如果機種沒有酵母盒，那酵
母粉和所有材料一起倒入即可）。

❸ 依照機種指示完成按鍵選項，按下「開始」鍵，材料在麵包機內攪拌
成團後，按下「取消或停止」按鍵。不插電也不預設功能鍵，進行第
一次發酵 2 小時。

❹ 等第一次發酵完成後，將材料 C 倒入攪拌缸內，蓋上機體上蓋。

❺ 選擇「快速麵包」的功能選項，按下「開始」鍵，直到攪拌完成後，
按下「取消或停止」鍵。

❻ 在工作檯上撒薄薄的手粉（高筋麵粉，材料量以外），取出麵團，將
麵團表面收整光滑，收口朝下蓋上保鮮膜，靜置 20 分鐘。

❼ 取出攪拌缸內的葉片，把麵團放入缸中，蓋上機體上蓋，進行第二次
發酵約 60 分鐘。

❽ 等第二次發酵完成後，選擇「單獨烘焙」的功能選項，按下「開始」鍵，
進行烘烤。或者直接將麵團放入已預熱達 180℃的烤箱中烘焙 35 分鐘。

❾ 烘烤完成，取出吐司放在網架上待涼。

實例 2　牛奶吐司

使用固體油，以直接發酵法的配方製作的話：

功能／一般麵包或鬆軟麵包
烤色／中等

材料	成品總重約 400 克	成品總重約 600 克
A		
高筋麵粉	250 克	350 克
細砂糖	18 克	25 克
鹽	5 克	7 克
雞蛋	35 克	50 克
水	39 克	55 克
鮮奶	78 克	112 克
B		
即溶酵母粉	4 克	5 克
C		
無鹽奶油	36 克	52 克

做法

❶ 材料精準測量好，將葉片放置妥當。

❷ 將材料 A 倒入攪拌缸內。

❸ 攪拌缸放入機器中，蓋上機體上蓋，將材料 B 倒入酵母盒內（如果機種沒有酵母盒，那酵母粉和所有材料一起倒入即可）。

❹ 依照機種指示完成按鍵選項，按下「開始」鍵，約 10 分鐘後放入材料 C。

❺ 吐司烘烤完成。

❻ 取出完成的吐司放在網架上冷卻。

使用固體油，以中種發酵法的配方製作的話：

功能／先用快速麵包，再烘焙
烤色／中等

材料	成品總重約 400 克	成品總重約 600 克
A		
高筋麵粉	175 克	245 克
雞蛋	35 克	50 克
水	71 克	100 克
B		
即溶酵母粉	3 克	5 克
C		
高筋麵粉	75 克	105 克
細砂糖	18 克	25 克
鹽	5 克	7 克
鮮奶	50 克	71 克
D		
無鹽奶油	25 克	35 克

做法

❶ 攪拌缸內的葉片放置妥當，材料 A 倒入攪拌缸內，放入機器中。

❷ 蓋上機體上蓋，將材料 B 倒入酵母盒內。

❸ 依照機種指示完成按鍵選項，按下「開始」鍵，材料在麵包機內攪拌成團，按下「取消或停止」按鍵。不插電也不預設功能鍵，讓麵團靜置發酵，進行第一次發酵約 2 小時。

❹ 等第一次發酵完成後取出麵團，放在工作檯上，雙手輕輕搓揉擠出空氣，讓麵團體積恢復原本發酵前的大小，蓋上保鮮膜靜置 10 分鐘。

❺ 麵團放回攪拌缸內，將材料 C 倒入攪拌缸內，蓋上機體上蓋。

❻ 選擇「快速麵包」的功能選項，按下「開始」鍵，約 10 分鐘後放入材料 D，直到攪拌完成，按下「取消或停止」鍵。

❼ 取出麵團，放在撒了一層薄薄麵粉（手粉）的工作檯上，把麵團表面收整光滑（如果麵團要整型要利用這個時候），收口朝下蓋上保鮮膜，靜置 15 分鐘。

❽ 放入攪拌缸內，讓麵團進行第二次發酵約 60 分鐘。

❾ 等麵團完成第二次發酵（表面有膨脹），選擇「單獨烘焙」的功能選項，按下「開始」鍵，時間設定 35 分鐘。或者直接將麵團放入已預熱達 180℃的烤箱中烘焙 35 分鐘。

❿ 烘烤完成，吐司放在網架上冷卻。

[幫你計算好中種發酵法配方]

為了替讀者省下時間，以下將本書中「part1 黃金比例基本款吐司」、「part2 料多餡足變化款吐司和麵包」中的吐司類計算好中種發酵法的配方，讀者只要照著配方做就可以了。

讀者要注意：以下麵包的烤箱溫度都設定在 180℃，這是針對沒有烤模的情況下。如果是將麵團放在吐司模內，就要改成上火 160℃、下火 220℃，時間約 35 ～ 40 分鐘。

MEMO

p.62 中的柴魚海苔布里歐已經是中種發酵法的配方，所以不特別再列出一次。

白吐司

（麵包機直接發酵法可參照 p.21）

功能／先用快速麵包，再烘焙
烤箱溫度／ 180℃
烘烤時間／ 35 分鐘

材料	成品總重約 450 克	成品總重約 600 克
A		
高筋麵粉	175 克	240 克
水	105 克	147 克
B		
即溶酵母粉	3 克	4 克
C		
高筋麵粉	75 克	110 克
水	45 克	63 克
細砂糖	20 克	28 克
鹽	5 克	7 克
脫脂奶粉	10 克	14 克
植物油	20 克	28 克

五穀雜糧吐司

（麵包機直接發酵法可參照 p.25）

功能／先用快速麵包，再烘焙
烤箱溫度／ 180℃
烘烤時間／ 35 分鐘

材料	成品總重約 450 克	成品總重約 600 克
A		
高筋麵粉	123 克	172 克
水	74 克	103 克
B		
即溶酵母粉	3 克	4 克
C		
高筋麵粉	52 克	73 克
雜糧預拌粉	75 克	105 克
細砂糖	20 克	28 克
鹽	3 克	4 克
脫脂奶粉	12 克	17 克
水	36 克	50 克
雞蛋	40 克	56 克
植物油	24 克	34 克

全麥吐司

（麵包機直接發酵法可參照 p.26）

功能／先用快速麵包，再烘焙
烤箱溫度／ 180℃
烘烤時間／ 35 分鐘

材料	成品總重約 450 克	成品總重約 650 克
A		
高筋麵粉	140 克	196 克
全麥麵粉	35 克	49 克
水	105 克	147 克
B		
即溶酵母粉	3 克	4 克
C		
高筋麵粉	60 克	84 克
全麥麵粉	15 克	21 克
細砂糖	36 克	50 克
鹽	3 克	4 克
脫脂奶粉	12 克	17 克
雞蛋	45 克	63 克
植物油	24 克	34 克

黑豆漿吐司

（麵包機直接發酵法可參照 p.27）

功能／先用快速麵包，再烘焙
烤箱溫度／180℃
烘烤時間／35 分鐘

材料	成品總重 約 450 克	成品總重 約 600 克
A		
高筋麵粉	175 克	245 克
無糖 生黑豆漿	105 克	147 克
B		
即溶酵母粉	3 克	4 克
C		
高筋麵粉	75 克	105 克
細砂糖	20 克	28 克
鹽	5 克	7 克
無糖 生黑豆漿	45 克	63 克
沙拉油	20 克	28 克

法國吐司

（麵包機直接發酵法可參照 p.29）

功能／先用快速麵包，再烘焙
烤箱溫度／180℃
烘烤時間／35 分鐘

材料	成品總重 約 400 克	成品總重 約 600 克
A		
法國 高筋麵粉	175 克	245 克
水	115 克	161 克
B		
即溶酵母粉	3 克	5 克
C		
法國 高筋麵粉	75 克	105 克
水	45 克	63 克
鹽	5 克	7 克

蜂蜜優格吐司

（麵包機直接發酵法可參照 p.30）

功能／先用快速麵包，再烘焙
烤箱溫度／180℃
烘烤時間／35 分鐘

材料	成品總重 約 450 克	成品總重 約 600 克
A		
高筋麵粉	175 克	245 克
水	105 克	145 克
B		
即溶酵母粉	3 克	5 克
C		
高筋麵粉	80 克	105 克
鹽	3 克	5 克
蜂蜜	17 克	25 克
無糖 原味優格	31 克	38 克
D		
無鹽奶油	17 克	25 克

藍莓多酚吐司

（麵包機直接發酵法可參照 p.42）

功能／先用快速麵包，再烘焙
烤箱溫度／180℃
烘烤時間／35 分鐘

材料	成品總重約 550 克	成品總重約 700 克
A		
高筋麵粉	210 克	280 克
水	100 克	130 克
新鮮或冷凍藍莓	26 克	38 克
B		
即溶酵母粉	3 克	4 克
C		
高筋麵粉	90 克	120 克
細砂糖	24 克	32 克
奶粉	12 克	16 克
鹽	4 克	6 克
新鮮或冷凍藍莓	54 克	72 克
植物油	12 克	16 克

麥香核桃吐司

（麵包機直接發酵法可參照 p.44）

功能／先用快速麵包，再烘焙
烤箱溫度／180℃
烘烤時間／35 分鐘

材料	成品總重約 550 克	成品總重約 750 克
A		
高筋麵粉	147 克	196 克
全麥麵粉	63 克	84 克
水	120 克	168 克
B		
即溶酵母粉	4 克	6 克
C		
高筋麵粉	63 克	84 克
全麥麵粉	27 克	36 克
細砂糖	30 克	40 克
鹽	3 克	4 克
植物油	15 克	20 克
水	60 克	72 克
D		
核桃	45 克	60 克

巧克力吐司

（麵包機直接發酵法可參照 p.46）

功能／先用快速麵包，再烘焙
烤箱溫度／180℃
烘烤時間／35 分鐘

材料	成品總重約 550 克	成品總重約 750 克
A		
高筋麵粉	210 克	280 克
水	100 克	140 克
鮮奶	26 克	28 克
B		
即溶酵母粉	3 克	4 克
C		
高筋麵粉	90 克	120 克
細砂糖	20 克	28 克
鹽	3 克	5 克
鮮奶	54 克	72 克
無糖可可粉	6 克	8 克
植物油	15 克	20 克
小蘇打粉	1 克	2 克
D		
高融點巧克力豆	45 克	60 克

布里歐吐司

（麵包機直接發酵法可參照 p.34）

功能／先用快速麵包，再烘焙
烤箱溫度／ 180℃
烘烤時間／ 35 分鐘

材料	成品總重 約 450 克	成品總重 約 650 克
A		
高筋麵粉	175 克	245 克
雞蛋	81 克	100 克
水	25 克	47 克
B		
即溶酵母粉	2 克	3 克
C		
高筋麵粉	75 克	105 克
細砂糖	45 克	60 克
鹽	3 克	5 克
鮮奶	49 克	71 克
D		
無鹽奶油	35 克	45 克

牛奶吐司

（麵包機直接發酵法可參照 p.32）

功能／先用快速麵包，再烘焙
烤箱溫度／ 180℃
烘烤時間／ 35 分鐘

材料	成品總重 約 450 克	成品總重 約 600 克
A		
高筋麵粉	175 克	245 克
雞蛋	25 克	47 克
水	81 克	100 克
B		
即溶酵母粉	3 克	5 克
C		
高筋麵粉	75 克	105 克
細砂糖	49 克	70 克
鹽	3 克	5 克
鮮奶	49 克	71 克
D		
無鹽奶油	25 克	35 克

馬鈴薯吐司

（麵包機直接發酵法可參照 p.36）

功能／先用快速麵包，再烘焙
烤箱溫度／ 180℃
烘烤時間／ 35 分鐘

材料	成品總重 約 500 克	成品總重 約 650 克
A		
法國 高筋麵粉	170 克	245 克
馬鈴薯泥	83 克	120 克
水	30 克	40 克
B		
即溶酵母粉	3 克	5 克
C		
法國 高筋麵粉	80 克	105 克
細砂糖	10 克	14 克
鹽	5 克	7 克
鮮奶	85 克	123 克
D		
無鹽奶油	17 克	25 克

南瓜堅果吐司

（麵包機直接發酵法可參照 p.47）

功能／先用快速麵包，再烘焙
烤箱溫度／180℃
烘烤時間／35 分鐘

材料	成品總重 約 550 克	成品總重 約 700 克
A		
高筋麵粉	210 克	280 克
水	130 克	170 克
B		
即溶酵母粉	3 克	4 克
C		
高筋麵粉	90 克	120 克
細砂糖	24 克	32 克
鹽	3 克	4 克
南瓜泥	50 克	70 克
植物油	20 克	28 克
D		
南瓜籽	30 克	45 克

裸麥黃金吐司

（麵包機直接發酵法可參照 p.48）

功能／先用快速麵包，再烘焙
烤箱溫度／180℃
烘烤時間／35 分鐘

材料	成品總重 約 550 克	成品總重 約 700 克
A		
高筋麵粉	178 克	238 克
水	100 克	120 克
鮮奶	26 克	48 克
B		
即溶酵母粉	3 克	4 克
C		
高筋麵粉	77 克	102 克
裸麥粉	45 克	60 克
細砂糖	30 克	40 克
鹽	3 克	5 克
鮮奶	54 克	72 克
植物油	15 克	20 克
D		
黃金葡萄乾	45 克	60 克

法式紅酒吐司

（麵包機直接發酵法可參照 p.49）

功能／先用快速麵包，再烘焙
烤箱溫度／180℃
烘烤時間／35 分鐘

材料	成品總重 約 550 克	成品總重 約 700 克
A		
法國 高筋麵粉	210 克	280 克
水	100 克	140 克
紅酒	26 克	35 克
B		
即溶酵母粉	3 克	4 克
C		
法國 高筋麵粉	90 克	120 克
細砂糖	15 克	20 克
鹽	5 克	6 克
紅酒	54 克	65 克
植物油	15 克	20 克

胡蘿蔔糙米吐司

（麵包機直接發酵法可參照 p.50）

功能／先用快速麵包，再烘焙
烤箱溫度／ 180℃
烘烤時間／ 35 分鐘

材料	成品總重 約 550 克	成品總重 約 700 克
A		
高筋麵粉	210 克	280 克
水	135 克	180 克
B		
即溶酵母粉	4 克	6 克
C		
高筋麵粉	90 克	120 克
胡蘿蔔絲	45 克	60 克
細砂糖	24 克	32 克
鹽	4 克	6 克
植物油	20 克	28 克
D		
糙米飯	45 克	60 克

抹茶檸檬吐司

（麵包機直接發酵法可參照 p.51）

功能／先用快速麵包，再烘焙
烤箱溫度／ 180℃
烘烤時間／ 35 分鐘

材料	成品總重 約 550 克	成品總重 約 700 克
A		
高筋麵粉	210 克	280 克
水	100 克	130 克
鮮奶	30 克	40 克
B		
即溶酵母粉	4 克	6 克
C		
高筋麵粉	90 克	120 克
烘焙用 抹茶粉	15 克	20 克
細砂糖	20 克	27 克
鹽	3 克	4 克
鮮奶	50 克	70 克
植物油	20 克	28 克
檸檬皮屑	1/2 顆	1/4 顆
D		
糖粉	50 克	同
檸檬汁	1 小匙	同

芝麻高鈣吐司

（麵包機直接發酵法可參照 p.52）

功能／先用快速麵包，再烘焙
烤箱溫度／ 180℃
烘烤時間／ 35 分鐘

材料	成品總重 約 550 克	成品總重 約 750 克
A		
高筋麵粉	210 克	280 克
水	130 克	175 克
B		
即溶酵母粉	4 克	6 克
C		
高筋麵粉	90 克	120 克
熟黑芝麻粉	30 克	40 克
奶粉	12 克	16 克
細砂糖	21 克	28 克
鹽	4 克	6 克
水	60 克	75 克
植物油	12 克	16 克

布里歐水果

（麵包機直接發酵法可參照 p.53）

功能／先用快速麵包，再烘焙
烤箱溫度／180℃
烘烤時間／35 分鐘

材料	成品總重 約 450 克	成品總重 約 650 克
A		
高筋麵粉	175 克	245 克
雞蛋	81 克	100 克
水	25 克	47 克
B		
即溶酵母粉	2 克	3 克
C		
高筋麵粉	75 克	105 克
細砂糖	45 克	60 克
鹽	3 克	5 克
鮮奶	49 克	71 克
D		
無鹽奶油	35 克	45 克
E		
綜合水果乾（葡萄乾、青堤子、蔓越莓乾、芒果乾等）	63 克	90 克

洋蔥五穀吐司

（麵包機直接發酵法可參照 p.54）

功能／先用快速麵包，再烘焙
烤箱溫度／180℃
烘烤時間／35 分鐘

材料	成品總重 約 550 克	成品總重 約 700 克
A		
高筋麵粉	210 克	280 克
水	130 克	170 克
B		
即溶酵母粉	4 克	6 克
C		
高筋麵粉	60 克	80 克
雜糧預拌粉	30 克	40 克
細砂糖	30 克	40 克
鹽	4 克	6 克
水	50 克	70 克
植物油	20 克	28 克
D		
洋蔥餡料	180 克	280 克

咖啡奶酥吐司

（麵包機直接發酵法可參照 p.56）

功能／先用快速麵包，再烘焙
烤箱溫度／180℃
烘烤時間／35 分鐘

材料	成品總重 約 700 克	成品總重 約 900 克
A		
高筋麵粉	210 克	280 克
水	150 克	200 克
B		
即溶酵母粉	4 克	6 克
C		
高筋麵粉	90 克	120 克
即溶咖啡粉	6 克	9 克
水	30 克	40 克
雞蛋	30 克	40 克
鹽	4 克	6 克
細砂糖	30 克	40 克
植物油	20 克	28 克
D		
奶酥	150 克	同

奶油辮子吐司

（麵包機直接發酵法可參照 p.58）

功能／先用快速麵包，再烘焙
烤箱溫度／ 180℃
烘烤時間／ 35 分鐘

材料	成品總重 約 550 克	成品總重 約 700 克
A		
高筋麵粉	210 克	280 克
水	147 克	196 克
B		
即溶酵母粉	4 克	5 克
C		
高筋麵粉	90 克	120 克
低筋麵粉	50 克	67 克
水	38 克	49 克
雞蛋	25 克	35 克
細砂糖	45 克	60 克
脫脂奶粉	15 克	21 克
鹽	3 克	4 克
D		
無鹽奶油	25 克	35 克
E		
蛋液	適量	同左

火腿起司吐司

（麵包機直接發酵法可參照 p.60）

功能／先用快速麵包，再烘焙
烤箱溫度／ 180℃
烘烤時間／ 35 分鐘

材料	成品總重 約 500 克	成品總重 約 650 克
A		
法國 高筋麵粉	210 克	280 克
水	126 克	168 克
B		
即溶酵母粉	3 克	4 克
C		
法國 高筋麵粉	90 克	120 克
水	54 克	72 克
奶粉	12 克	16 克
細砂糖	12 克	16 克
鹽	3 克	4 克
植物油	9 克	12 克
D		
火腿片	2 片	同
起司片	2 片	同
蛋液	適量	同

紅豆芋泥起酥麵包

（麵包機直接發酵法可參照 p.64）

功能／先用快速麵包，再烘焙
烤箱溫度／ 180℃
烘烤時間／ 35 分鐘

材料	成品總重 約 500 克	成品總重 約 650 克
A		
高筋麵粉	140 克	196 克
水	81 克	113 克
B		
即溶酵母粉	3 克	4 克
C		
高筋麵粉	60 克	84 克
低筋麵粉	50 克	70 克
水	34 克	48 克
細砂糖	45 克	63 克
鹽	3 克	4 克
脫脂奶粉	15 克	21 克
D		
無鹽奶油	25 克	35 克
E		
紅豆餡	85 克	85 克
芋泥餡	85 克	85 克
F		
蛋液	適量	同
黑芝麻粒	少許	同
冷凍起酥片	1 片	同

抹茶紫米吐司

（麵包機直接發酵法可參照 p.66）

功能／先用快速麵包，再烘焙
烤箱溫度／ 180℃
烘烤時間／ 35 分鐘

材料	成品總重 約 500 克	成品總重 約 650 克
A		
高筋麵粉	175 克	245 克
水	98 克	137 克
B		
即溶酵母粉	3 克	4 克
C		
高筋麵粉	75 克	105 克
水	17 克	24 克
雞蛋	25 克	35 克
細砂糖	25 克	40 克
鹽	3 克	4 克
脫脂奶粉	15 克	21 克
抹茶粉	5 克	7 克
D		
無鹽奶油	25 克	35 克
E		
熟紫米	30 克	40 克

枸杞芝麻吐司

（麵包機直接發酵法可參照 p.68）

功能／先用快速麵包，再烘焙
烤箱溫度／ 180℃
烘烤時間／ 35 分鐘

材料	成品總重 約 500 克	成品總重 約 650 克
A		
高筋麵粉	175 克	245 克
水	90 克	120 克
雞蛋	15 克	20 克
B		
即溶酵母粉	3 克	4 克
C		
高筋麵粉	75 克	105 克
南瓜泥	35 克	45 克
雞蛋	10 克	15 克
細砂糖	25 克	33 克
鹽	3 克	4 克
脫脂奶粉	15 克	21 克
D		
無鹽奶油	25 克	35 克
E		
枸杞	15 克	20 克
黑芝麻粒	15 克	20 克
F		
白吐司麵團	150 克	180 克

墨西哥優格吐司

（麵包機直接發酵法可參照 p.70）

功能／先用快速麵包，再烘焙
烤箱溫度／ 180℃
烘烤時間／ 35 分鐘

材料	成品總重 約 450 克	成品總重 約 640 克
A		
高筋麵粉	140 克	196 克
水	55 克	85 克
優格	60 克	75 克
B		
即溶酵母粉	3 克	4 克
C		
高筋麵粉	60 克	84 克
低筋麵粉	50 克	70 克
雞蛋	25 克	35 克
細砂糖	45 克	63 克
鹽	3 克	4 克
脫脂奶粉	15 克	21 克
D		
無鹽奶油	25 克	35 克
E		
無鹽奶油	100 克	同
糖粉	100 克	同
蛋液	75 克	同
奶粉	25 克	同
低筋麵粉	100 克	同

麵包機做饅頭、吐司和麵包

一指搞定的超簡單配方之外，
再蒐集 27 個讓吐司隔天更好吃的秘方

作者	王安琪
攝影	周禎和
美術設計	黃祺芸
編輯	彭文怡
校對	連玉瑩
行銷	林孟琦
企畫統籌	李橘
總編輯	莫少閒
出版者	朱雀文化事業有限公司
地址	台北市基隆路二段 13-1 號 3 樓
電話	（02）2345-3868
傳真	（02）2345-3828
劃撥帳號	19234566 朱雀文化事業有限公司
e-mail	redbook@ms26.hinet.net
網址	http://redbook.com.tw
總經銷	大和書報圖書股份有限公司（02）8990-2588
ISBN	978-986-6029-75-2
初版二刷	2015.08
定價	360 元

About 買書：

●朱雀文化圖書在北中南各書店及誠品、金石堂、何嘉仁等連鎖書店均有販售，如欲購買本公司圖書，建議你直接詢問書店店員。如果書店已售完，請電話洽詢本公司。

●●至朱雀文化網站購書（http://redbook.com.tw），可享 85 折起優惠。

●●●至郵局劃撥（戶名：朱雀文化事業有限公司，帳號 19234566），掛號寄書不加郵資，4 本以下無折扣，5 ～ 9 本 95 折，10 本以上 9 折優惠。